Everyday
달걀

prologue

3분이면 행복해지는
완벽한 **달걀** 요리

바쁜 아침, 간단한 식사로 준비하기에 달걀만큼 좋은 재료가 없어요. 달걀프라이도 3분이면 끝! 남녀노소 누구나 쉽게 만들어 즐길 수 있어 더욱 사랑받는 재료예요. 영양도 최고랍니다. 좋은 단백질이 풍부하고, 비타민과 미네랄 등 우리 몸에 필요한 영양을 골고루 갖추고 있어서 현대인에게 꼭 필요한 식품이에요. 게다가 칼로리는 높지 않으면서 포만감은 오래가기 때문에 과식을 막고 다이어트에 도움을 주지요.

달걀찜, 스크램블드 에그 등 달걀요리 대부분은 만들기 쉽고 소화도 잘돼서 언제 먹어도 부담이 없어요. 굽거나 조리거나 찌는 등 조리법에 변화를 주고 여러 가지 재료와 소스로 맛을 더하면 매일 먹어도 맛있답니다.

덮밥, 반찬, 샐러드, 샌드위치, 쿠키, 음료 등 간단하고 맛있는 달걀요리를 이 책에 모두 담았어요. 만들기 쉬우면서도 스타일리시한 메뉴들로 가득해 누구나 근사한 요리를 즐길 수 있답니다. 완전식품 달걀을 준비해 간단한 아침식사로, 건강을 위한 웰빙식으로, 날씬한 몸매를 가꾸는 다이어트식으로, 맛있는 영양 간식으로 다양하게 즐겨보세요. 〈Everyday 달걀〉이 도와드릴 거예요.

손성희

# Contents

## Part 1
### 달걀 하나로 한 끼

## Part 2
### 매일 색다른 밥반찬

# 달걀의 영양 &
# 고르기와 보관하기

맛과 영양이 풍부한 달걀은 한 끼 식사는 물론 반찬, 간식, 디저트까지 다양한 요리에
활용할 수 있다. 완전식품으로 불리는 달걀의 영양과 신선한 달걀 고르기, 보관법 등을 알아보자.

## 영양

● **필수아미노산과 비타민, 지방, 각종 미네랄이 풍부한 완전식품**

달걀은 단백질과 비타민 $A \cdot B_1 \cdot B_2 \cdot D \cdot E$, 지방, 각종 미네랄 등 우리에게 필요한 대부분의 영양 성분을 갖고 있는
완전식품이다. 특히 필수아미노산이 가득한 질 좋은 단백질이 풍부하다. 달걀 한 개를 먹으면 약 11g 정도의 단백
질을 섭취할 수 있는데, 이는 성인에게 필요한 하루 단백질 권장량의 20%를 차지하는 양이다.

달걀의 흰자와 노른자는 서로 다른 생김새만큼 영양 성분도 다르다. 흰자는 대부분 수분과 단백질로 이루어져
있으며, 약간의 탄수화물과 비타민 $B_2$가 들어 있다. 노른자는 단백질과 지방, 비타민, 철분, 각종 미네랄 등 다양
한 성분으로 이루어져 있고, 두뇌 활동에 좋은 성분이 많은 것이 특징이다.

● **혈액순환을 좋게 하고 두뇌활동을 돕는다**

달걀노른자에 들어 있는 레시틴은 혈중 콜레스테롤 수치를 낮춰 혈액순환을 돕고, 기억력, 학습능력에 관여하는
두뇌 신경전달 물질인 아세틸콜린을 만들어낸다. 아세틸콜린은 두뇌 움직임과 감각 활동을 조절하고 통제하는 역
할을 하기 때문에 두뇌가 성장하는 시기와 학습기에 많이 필요하다. 사람은 나이가 들면서 아세틸콜린을 합성하
는 능력이 떨어지기 때문에 음식으로 아세틸콜린을 보충해야 한다.

아세틸콜린을 충분히 섭취하지 못하면 건망증, 집중력 저하, 치매
등이 생길 수 있다. 아세틸콜린을 만들어내는 레시틴을 가장
많이 함유한 식품이 바로 달걀노른자다. 평소 달걀을 꾸준
히 먹으면 주의력과 집중력 향상은 물론 치매 예방에도
도움이 된다.

달걀은 높은 영양가에 비해 칼로리가 낮고, 소화
흡수가 잘 되는 장점도 갖고 있다. 달걀의 단백질은
우리 몸에서 거의 완전히 흡수돼 사용된다. 완숙보다
는 반숙으로 먹어야 소화와 영양 흡수가 더 잘 된다.

# 고르기

## ● 서늘한 곳에 보관한 것을 고른다

달걀은 햇빛이 닿지 않는 곳에 보관돼 있는 것을 구입한다. 껍질이 까칠까칠한 것이 신선한 것이지만, 요즘은 씻어 나오는 달걀이 많아 껍질로 구분하기 어렵다. 살짝 흔들어보아 달걀 속이 껍질에서 분리된 듯한 느낌이 나면 오래된 것이다. 물에 넣어보면 신선한 달걀은 가라앉고, 오래된 달걀은 수분을 잃어 가벼워져서 물에 뜬다.

깨뜨렸을 때 노른자가 봉긋하고, 흰자는 퍼지지 않아야 한다. 시간이 지날수록 노른자는 탄력을 잃어 납작하게 퍼지고, 흰자는 묽고 투명해진다. 달걀 껍질의 색깔은 닭의 품종에 따라 달라지며 영양과는 상관없다.

## ● 유정란을 찾기보다 사육 환경을 살펴본다

우리가 먹는 대부분의 달걀은 무정란이다. 암탉은 수탉과의 교배 없이 혼자서도 알을 낳을 수 있기 때문에 일반 양계장에서는 암탉만 사육해 무정란을 생산한다. 당연히 무정란은 병아리로 부화될 수 없다. 그에 반해 유정란은 암탉과 수탉이 교배하여 낳은 달걀이다. 유정란을 어미가 품거나, 21일 정도 어미 품과 같은 온도를 유지시키면 병아리로 부화된다. 하지만 시중의 유정란은 유통 과정에서 냉장 보관되기 때문에 부화 확률이 아주 낮다.

사람들은 흔히 유정란이 무정란보다 맛도 좋고 영양도 훨씬 높다고 생각한다. 하지만 영양학자들의 연구에 따르면 유정란과 무정란 사이에 영양 차이는 거의 없다고 한다. 그보다 닭의 사육환경과 사료, 산란횟수, 연령 등에 따라 영양소 함유량이 다를 수 있다는 것이다.

대부분의 무정란을 생산하는 양계장에서는 '케이지'라고 부르는 비좁은 철조망 안에서 닭을 키우고, 24시간 불을 켜놓고 달걀을 낳게 한다. 반면 유정란 생산을 위해서는 상대적으로 넓은 공간에서 암탉과 수탉이 함께 생활하며 자유롭게 짝짓기를 하도록 풀어 키운다. 무정란과 유정란의 가격 차이가 생겨나는 것은 이런 환경 때문이다. 최근에는 케이지에 닭을 키우며 수탉의 정액을 암탉에게 주입하는 인공수정법을 사용하는 곳이 생겨났다. 유정란이라고 해도 이와 같은 환경에서 생산된 달걀이라면 무정란과 별다른 차이가 없다.

무정란보다 유정란이 무조건 더 좋은 달걀이라고 볼 수는 없다. 더 좋은 달걀을 고르려면 포장에 설명된 사육환경과 사료의 종류, 항생제와 성장촉진제 사용여부 등을 보고 판단하는 것이 더 확실하다. 정부에서 인증·관리하는 유기축산물, 무항생제축산물, HACCP 인증마크 등을 받았는지 확인하는 것도 도움이 된다.

# 보관하기

## ● 냉장실 안쪽에 보관한다

달걀은 수분을 많이 함유하고 있어서 온도 변화에 영향을 많이 받는다. 숨구멍이 있는 뭉툭한 쪽이 위로 가게 담아 냉장실 안쪽에 넣어둔다. 문 쪽에 꽂아두면 문을 여닫을 때마다 흔들리고 온도 차이가 생겨 신선도를 유지하기 어렵다. 냉장고에 넣었다 꺼내기를 반복해도 온도 변화 때문에 신선도가 급격히 떨어진다. 또한 달걀은 냄새를 흡수하므로 냄새가 강한 식품과 가까이 두지 않는다.

# 달걀요리의 제맛 살리는
# 기본 조리법

달걀요리의 제맛을 내기 위해서는 우선 기본 조리법을 익히는 것이 중요하다.
초보자일수록 기본 조리법을 제대로 알고 시작해야 맛내기가 한결 쉬워진다.

## 달걀 삶기

### ● 달걀은 미리 실온에 꺼내둔다

달걀을 냉장고에서 꺼내 바로 삶으면 온도가 급격히 올라가면서 껍질이 깨진다. 미리 꺼내두거나 물에 잠시 담가두었다가 삶는다.

### ● 시간을 재면서 삶는다

달걀은 얼마나 익었는지 보이지 않기 때문에 시간을 재면서 삶아야 실패하지 않는다. 삶는 시간에 따라 다양한 상태로 익힐 수 있다. 냄비에 달걀을 담고 물을 달걀이 잠기게 부어 센 불에서 덜 익은 반숙은 7분, 반숙은 9분, 덜 익은 완숙은 13분, 완숙은 16분 정도 삶는다.

7분
13분
9분
16분

## 달걀프라이 하기

### ● 달걀흰자의 상태를 살핀다

달걀프라이는 익어가면서 흰자가 점점 불투명해진다. 흰자의 투명한 상태를 보면 노른자의 익은 정도도 판단할 수 있다. 흰자가 반 정도 불투명해졌을 때가 반숙 정도로, 노른자를 터뜨리면 흘러내리는 상태다. 흰자가 완전히 하얘지면 노른자가 터지지 않고 말랑말랑한 상태가 된다. 흰자가 반 정도 불투명해졌을 때 뒤집어서 뒷면을 바삭하게 익히면 달걀노른자를 더 단단하게 익힐 수 있다.

# 달걀찜 하기

## ● 국물을 섞는다

다시마국물 또는 멸치국물을 섞어서 달걀찜을 하면 맛있다. 달걀과 국물을 1:3 으로 섞는다. 국물을 너무 조금 넣으면 달걀찜이 단단해지고, 너무 많이 넣으면 묽어진다.

## ● 거품기로 저어가며 익힌다

뚝배기나 냄비에 달걀을 담고 거품기로 살살 저어가며 중간 불에서 익힌다. 달걀이 익기 시작해 덩어리가 느껴지면 젓는 것을 멈추고 약한 불에서 익힌다.

## ● 중간 불에서 익히다가 약하게 줄인다

처음에는 중간 불에서 익힌다. 달걀이 익으면서 뻑뻑해지면 바로 불을 약하게 줄인다. 그래야 타지 않고 부드럽게 익는다.

## ● 달걀 그릇에 뚜껑을 덮는다

중탕으로 찔 때 찜통 뚜껑에 맺힌 물방울이 달걀에 떨어지면 윗면이 거칠어져 예쁘지 않다. 달걀을 담은 그릇에 뚜껑이나 알루미늄 포일, 또는 종이타월을 덮는다.

# 수란 만들기

## ● 그릇에 담아서 물속에 살짝 넣는다

달걀을 깨뜨려 끓는 물에 담가 익히는 수란은 흰자가 퍼져 모양을 잡기가 쉽지 않다. 끓는 물 위에서 바로 깨뜨려 넣지 말고, 작은 그릇에 담아 살포시 물속으로 붓는다.

## ● 끓는 물에 식초를 넣는다

수란을 익힐 때 식초를 넣으면 흰자가 잘 응고된다. 끓는 물에 식초를 조금 넣고 달걀을 깨뜨려 넣으면 흰자가 흩어지기 전에 단단해져 모양이 예쁘게 된다. 3분 정도 익힌 뒤 꺼내어 찬물에 담가 식힌다.

## ● 국자에 담아 익힌다

달걀을 국자에 담아 익히는 방법도 있다. 달라붙지 않도록 국자에 기름을 살짝 바르고 달걀을 깨서 담는다. 처음에는 국자 밑면만 끓는 물에 담가 익히다가 달걀흰자의 가장자리가 익기 시작하면 달걀이 완전히 잠기게 담가 마저 익힌다.

## ● 뜨거운 물을 끼얹는다

국자 밑면만 담가 익힐 때 숟가락으로 뜨거운 물을 수시로 끼얹으면 모양 잡기가 쉬워진다. 달걀의 윗면까지 살짝 익어 물속에 완전히 담갔을 때 달걀이 풀어지거나 흩어지지 않는다.

# 달걀말이 만들기

● **80% 정도 익으면 만다**

달걀이 다 익은 뒤에 말면 말린 면이 붙지 않아 달걀말이가 풀어진다. 윗면이 80% 정도 익으면 말기 시작한다.

● **나눠 부으면 고르게 익는다**

달걀을 처음에 다 붓지 말고 여러 번 나눠 붓는다. 달걀을 부어 돌돌 말아 한쪽으로 민 다음, 빈 공간에 달걀을 더 붓고 이어서 돌돌 말아 익힌다. 같은 방법을 반복해서 말면 모양내기도 쉽고 달걀이 고르게 익는다.

● **뜨거울 때 모양을 잡는다**

달걀말이를 반듯하게 만들려면 뜨거울 때 김발에 말아 모양을 잡아야 한다. 식으면 모양 잡기가 어렵다.

# 스크램블드 에그 만들기

● **10초 정도 그대로 둔다**

달군 팬에 기름을 두르고 달걀을 풀어 넣은 뒤 10초 정도 그대로 둔다. 더 빠르고 맛있게 익힐 수 있다.

● **휘저으며 익힌다**

달걀을 주걱이나 젓가락으로 재빨리 휘저으면서 익히다가 달걀이 80% 정도 익으면 불을 끈다. 달걀이 완전히 익은 것보다 조금 덜 익은 상태가 부드럽고 맛있다.

# 오믈렛 만들기

● **젓가락으로 원을 그리며 젓는다**

달군 팬에 기름을 넉넉히 두르고 달걀을 붓는다. 불을 약하게 줄이고 젓가락으로 원을 그리며 재빨리 젓는다.

● **익기 전에 모양을 잡는다**

달걀이 몽글몽글해지면 재빨리 팬을 기울여 가장자리로 모으고 주걱으로 반달 모양이 되게 접는다. 약한 불에서 앞뒤로 서서히 익혀야 맛있다.

# 달걀요리를 그럴듯하게 만들어주는 소스와 양념

담백한 달걀요리에 맛을 더하고 향을 입히는 가장 손쉬운 비법은 알맞은 양념을 적절하게 사용하는 것이다. 간편하게 맛내고 모양까지 살리는 소스와 양념을 소개한다.

## ● 토마토케첩

새콤달콤한 맛이 담백한 달걀요리와 특히 잘 어울린다. 오므라이스, 오믈렛, 토스트 등에 주로 쓰이며 토마토 소스나 칠리 소스 등을 만들 때도 유용하다.

## ● 마요네즈

달걀요리는 물론 다양한 요리에 두루 사용되는 기본 소스다. 달걀노른자와 식물성 기름, 식초, 소금 등이 어우러져 부드럽고 시큼하면서 고소한 맛이 난다.

## ● 디종 머스터드

프랑스 동부 디종이라는 도시에서 재배한 겨자로 만든 소스다. 농도가 진하고 부드러우며 매운맛이 강하다.

## ● 씨겨자

씨가 생생히 살아 있는 겨자 소스의 일종으로 홀 그레인 머스터드라고도 부른다. 일반 머스터드보다 겨자 향이 진하고 매콤하며, 참깨

정도 크기의 겨자씨 알갱이가 씹히는 맛도 특별하다. 고기를 굽거나 샌드위치, 샐러드를 만들 때 주로 쓰인다.

## ● 쯔유

일본식 간장의 일종으로 다양한 일본요리의 소스와 국물에 쓰인다. 다시마와 가다랑어포, 간장 등이 주재료이며, 시판 제품은 2~3배 농축되어 있으므로 물에 희석해서 사용한다. 오야코동, 온천달걀의 맛을 낼 때 쓰면 좋다.

## ● 너트멕

향이 그윽하며 약간 쓰고 매운 맛이 나는 향신료로 육두구라고도 부른다. 달걀요리나 빵, 과자를 만들 때 넣으면 달걀과 우유, 생선의 비린내와 시큼한 냄새를 없애주고 부드러운 맛을 낸다. 보통 가루를 쓰는데, 알갱이째 구입해 요리할 때 바로 갈아서 쓰는 것이 가장 향이 좋다.

# 달걀요리를 쉽고 간편하게 도와주는 조리도구

달걀요리에 알맞은 전용 도구를 갖춰놓으면 한결 쉽고 보기 좋게 만들 수 있다. 어떤 도구가 편리한지 살펴보고 내게 필요한 도구를 준비하자.

### ● 거품기

달걀을 거품 내거나 여러 재료와 함께 섞을 때 주로 사용한다. 버터를 부드럽게 녹일 때도 쓴다. 달걀을 거품 낼 때는 철망이 크면서 촘촘한 것이 좋고, 재료를 섞을 때는 크기가 작으면서 철망이 성근 것이 좋다.

### ● 핸드믹서

달걀흰자를 거품 낼 때 편리하다. 반죽을 섞거나 생크림을 거품 낼 때 등 다양한 요리에 활용할 수 있다.

### ● 달걀노른자 분리기

달걀노른자를 깔끔하고 손쉽게 분리하는 도구. 그릇에 받쳐두고 그 위에 달걀을 깨뜨리면 노른자만 거르고 흰자는 아래로 내려간다.

### ● 사각 팬

두툼한 달걀말이를 손쉽게 만들 수 있는 달걀말이 전용 팬이다. 달걀말이뿐 아니라 달걀지단을 부칠 때도 유용하다.

### ● 뚝배기

푸짐한 달걀찜을 만들 때는 뚝배기를 활용하면 좋다. 은근한 불에서 달걀을 저어가며 끓이다가 마지막에 가장 약한 불에서 뜸을 들이면 봉긋하게 솟아오른 달걀찜을 만들 수 있다.

### ● 달걀프라이 전용 팬

모양이 흐트러지지 않고 동그랗게 잡히는 프라이 전용 팬이다.

### ● 달걀프라이 틀

달걀프라이의 모양을 낼 때 유용한 도구. 팬 위에 올려두고 틀 속에 달걀을 깨뜨려 부치면 틀 모양대로 프라이가 완성된다. 하트, 별, 동물 등 모양과 크기, 재질이 다양하다.

### ● 달걀찜기

달걀의 개수와 원하는 익힘 정도를 설정하여 찔 수 있는 전용 달걀찜기. 전기를 사용하며 달걀이 다 익으면 전원이 저절로 꺼진다. 제품에 따라 물을 넣어 김으로 찌는 방식과 스테인리스에 열을 가해 찌는 방식이 있다.

### ● 달걀 바늘

달걀에 미세한 구멍을 내는 도구. 달걀을 삶거나 찌기 전에 달걀바늘로 달걀 윗부분에 구멍을 내면 달걀이 익으면서 생기는 팽창을 막아 터지거나 변형되지 않고 깔끔한 모양을 유지할 수 있다.

### ● 매셔

삶은 달걀을 손쉽게 으깰 수 있는 도구. 손잡이가 잡기 편하고 뜨거운 달걀에 사용해도 안전한 재질의 제품을 고른다.

### ● 달걀 슬라이서

삶은 달걀을 일정한 두께로 써는 도구. 접혀 있는 슬라이서를 올린 다음 삶은 달걀을 넣고 그대로 슬라이서를 내리면 깔끔하게 잘린다.

### ● 달걀 모양틀

삶은 달걀 또는 삶은 메추리알을 도구 안에 넣고 뚜껑을 덮어 꾹 누르면 모양이 잡힌다. 틀에 따라 다양한 동물 모양을 찍어낼 수도 있고, 달걀 전체를 하트 모양으로 바꿀 수도 있다.

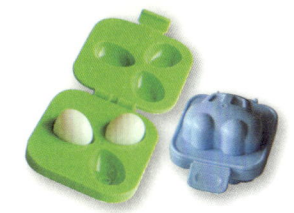

# Part 1 달걀 하나로 한 끼

쉽고 간편하게 즐길 수 있는 든든한 식사거리를 찾는다면 달걀요리가 제격!

오믈렛, 스크램블, 프리타타 등 메뉴도 다양하고 누구나 손쉽게 만들 수 있어 좋다.

영양 많은 달걀을 활용해 건강과 실속을 모두 챙긴 한 끼 요리를 준비해보자.

tip
〜〜〜〜〜〜

프리타타는 팬에
구워도 좋다. 바닥이
두꺼운 무쇠팬을 충분히
달군 뒤 재료를 담고
낮은 불에서 천천히
익히면 된다.

# 프리타타

이탈리아식 오믈렛 프리타타는 토마토와 양파, 달걀이 어우러져 맛과 영양이 풍부하다.
기본 프리타타 재료에 원하는 재료를 더할 수 있다.

## 재료(2인분)

식빵 1/2장
방울토마토 3개
베이컨 2장
양파·피망 1/2개씩

**달걀물**

달걀 3개
우유 1컵
체다 치즈 1/2컵
모차렐라 치즈 1컵
머스터드 2작은술
소금·후춧가루 1/2작은술씩
파슬리 가루 1작은술

1 **오븐 예열하기** 오븐을 180℃로 예열한다.

2 **식빵 썰기** 식빵을 사방 1.5cm의 주사위 모양으로 자른다.

3 **재료 썰기** 베이컨은 1cm 길이로 썰고, 방울토마토는 4등분한다. 양파와 피망은 다진다.

4 **베이컨·양파·피망 볶기** 달군 팬에 기름을 두르고 베이컨과 양파, 피망을 볶는다.

5 **달걀물 만들기** 달걀을 풀어 체에 내린 뒤 우유와 치즈, 머스터드, 소금, 후춧가루, 파슬리 가루를 넣어 섞는다.

6 **재료 섞기** 달걀물에 식빵, 방울토마토, 볶은 베이컨과 양파, 피망을 넣어 골고루 섞은 뒤 오븐 그릇에 담는다.

7 **오븐에 굽기** 180℃의 오븐에 20~25분 정도 굽는다.

3      4      6

# 떠먹는 에그 피자

피자 반죽 대신 달걀 여러 개를 팬에 구운 뒤 갖은 재료와 치즈를 듬뿍 올려 떠먹는 피자.
쭉쭉 늘어나는 치즈의 맛이 일품이다.

**재료(2인분)**
달걀 3개
방울토마토 5개
페퍼로니 5장
피자 치즈 50g
소금 조금
후춧가루 조금
파슬리 가루 조금
올리브오일 조금

1 **방울토마토·페퍼로니 썰기** 방울토마토는 4등분으로 자르고, 페퍼로니는 먹기 좋은 크기로 썬다.

2 **달걀 굽기** 달군 팬에 올리브오일을 두르고 달걀을 깨뜨려 넣은 뒤 노른자를 터뜨린다. 소금, 후춧가루를 뿌려 간한다.

3 **재료 올리기** 달걀이 어느 정도 익으면 방울토마토와 페퍼로니를 골고루 올리고 피자 치즈를 듬뿍 뿌린다. 불을 끄고 치즈가 녹을 때까지 둔다.

4 **파슬리 가루 뿌리기** 마지막에 파슬리 가루를 뿌린다.

1      2      4

# 스크램블드 에그

바쁘고 입맛 없는 아침,
간단한 식사로 준비하기에
딱 좋은 심플 요리.
영양 만점 달걀을 가장 쉽고
맛있게 즐기는 방법이다.

**재료(2인분)**

달걀 3개
소금 조금
후춧가루 조금
식용유 조금

1 **달걀 풀기** 달걀을 젓가락으로 세차게 저어 곱게 푼다.

2 **달걀물 붓기** 달군 팬에 기름을 두른 뒤 풀어놓은 달걀을 붓고 불을 약하게 줄여 10초 정도 그대로 둔다.

3 **휘저어가며 익히기** 젓가락으로 재빨리 휘저어가며 달걀을 익힌다.

4 **간하기** 달걀이 부드러운 상태로 익으면 소금, 후춧가루를 뿌려 간한 뒤 불을 끈다.

# 토마토 치즈 스크램블

스크램블드 에그에
다양한 재료를 넣어 만든
응용 스크램블 요리.
상큼한 파프리카와 토마토가
담백한 달걀과 잘 어울린다.

2

4

**재료(2인분)**
방울토마토 4개
파프리카 1/2개
달걀 2개
피자 치즈30g
버터 1큰술
소금 조금
후춧가루 조금

1 **달걀 풀기** 달걀을 젓가락으로 세차게 저어 곱게 푼다.

2 **방울토마토·파프리카 썰기** 방울토마토는 4등분으로 썰고, 파프리카는 사방 0.5cm 크기로 작게 썬다.

3 **달걀 익히기** 달군 팬에 버터를 녹인 뒤 풀어놓은 달걀을 붓고 약한 불에서 저어가며 익힌다.

4 **방울토마토·파프리카 넣어 익히기** ③에 썰어둔 방울토마토와 파프리카를 넣고 저어가며 익힌다.

5 **치즈 넣기** 어느 정도 익으면 치즈를 넣어 부드럽게 녹이고 소금, 후춧가루로 간한 뒤 불에서 내린다.

tip

주키니 호박은 애호박과
달리 씨가 적어 요리의
모양을 살리기 좋다. 주키니가
없다면 애호박의 씨 부분만
도려내고 사용해도
된다.

# 화이트 오믈렛

새하얀 오믈렛에 알록달록 파프리카와 호박이 쏙쏙 박혀 먹음직스러운 다이어트 별식.
달걀노른자를 빼고 흰자만 넣어 칼로리를 확 줄였다.

**재료(2인분)**

달걀흰자 5개분
주키니 호박 1/4개
파프리카 1/4개
양파 1/6개
녹말물 1큰술
(녹말가루 1/2큰술, 물 1큰술)
소금 조금
후춧가루 조금
식용유 적당량

1 **채소 썰기** 주키니 호박, 파프리카, 양파는 사방 0.5cm 크기로 네
　모지게 썬다.

2 **달걀흰자 체에 내리기** 달걀흰자에 소금·후춧가루와 녹말물을 섞어
　체에 한 번 내린다.

3 **채소 볶기** 달군 팬에 기름을 살짝 두르고 양파와 호박, 파프리카
　를 살짝 볶아낸다.

4 **재료 섞기** ②의 달걀흰자에 볶은 채소를 섞는다.

5 **오믈렛 만들기** 달군 팬에 기름을 두르고 ④를 부은 뒤 약한 불에
　서 젓가락으로 저어가며 익힌다. 주걱으로 달걀을 접어가며 모양
　을 잡는다.

## 오믈렛

간단하면서도 폼 나게 즐길 수 있어 언제나 사랑받는 메뉴. 모양내기가 어려워 보이지만 요령만 알면 누구나 손쉽게 만들 수 있다.

**재료(2인분)**
달걀 3개
소금 조금
후춧가루 조금
식용유 적당량

1 **달걀 풀기** 달걀을 곱게 푼다.

2 **달걀 익히기** 달군 팬에 기름을 넉넉히 두르고 풀어놓은 달걀을 붓는다. 불을 약하게 줄인 뒤 젓가락으로 원을 그리며 재빨리 젓는다.

3 **모양 잡기** 팬 한쪽으로 달걀을 모으고 뒤집개로 접어가며 모양을 잡는다.

4 **불 끄고 익히기** 뒤집개로 뒤집은 다음 불을 끄고 잠시 그대로 두어 익힌다. 소금, 후춧가루와 토마토케첩을 곁들여 낸다.

\* 오믈렛은 센 불에서 익히는 것보다 약한 불에서 80~90% 정도만 익혀야 더 부드러운 맛을 낼 수 있다.

## 브로콜리 새우 오믈렛

오믈렛에 몇 가지 재료만 추가하면
금세 색다른 별미가 된다.
우유와 치즈로 부드러운 맛을 살리고
브로콜리와 새우를 넣어 감칠맛을 더했다.

**재료(2인분)**

브로콜리 50g
칵테일 새우 50g
베이컨 1장
달걀 3개
우유 2큰술
파르메산 치즈 가루 1큰술
소금 조금
후춧가루 조금
식용유 적당량

1 **재료 준비하기** 브로콜리는 소금물에 데친 뒤 작게 썬다. 베이컨은 잘게 썰고, 냉동 칵테일 새우는 해동해 물기를 닦는다.

2 **재료 볶기** 달군 팬에 기름을 두르고 ①을 넣어 살짝 볶는다.

3 **달걀물 만들기** 달걀을 풀어 체에 내린 뒤 우유와 파르메산 치즈 가루, 소금, 후춧가루를 넣어 섞는다.

4 **달걀물 익히기** 달군 팬에 기름을 넉넉히 두르고 ③의 달걀물을 붓는다. 불을 약하게 줄인 뒤 젓가락으로 원을 그리며 재빨리 젓는다.

5 **재료 올려 모양 잡기** 달걀물이 반 정도 익었을 때 브로콜리와 칵테일 새우, 베이컨을 가운데에 올리고 달걀을 반으로 접어 익힌다.

tip

홀랜다이즈 소스는
크림 상태로 휘핑한
달걀노른자에 녹인 버터를
섞고 레몬즙, 양파, 셀러리
등을 더해 만든다.

# 에그 베네딕트

대표적인 뉴욕 스타일 브런치 요리. 쫄깃한 잉글리시 머핀 위에 햄과 치즈, 부드러운 수란을 올린 다음 고소한 베샤멜 소스를 듬뿍 끼얹어 맛과 모양이 살아 있다. 홀랜다이즈 소스를 곁들여도 좋다.

## 재료(2인분)

잉글리시 머핀 2개
슬라이스 햄 2장
슬라이스 체다 치즈 2장
달걀 2개
식초 1큰술
소금 1/3큰술
식용유 조금

**베샤멜 소스**
밀가루 1큰술, 버터 1큰술
우유 1컵, 양송이 1개
다진 양파 1큰술
다진 파슬리 조금
소금·후춧가루 조금씩

1 **잉글리시 머핀 굽기**  잉글리시 머핀을 반 가른 다음 마른 팬이나 토스터에 따뜻하게 굽는다.

2 **물 끓이기**  냄비에 물을 넉넉히 붓고 소금과 식초를 넣어 끓인다. 물이 끓기 시작하면 불을 약하게 줄인다.

3 **수란 만들기**  국자에 기름을 살짝 바르고 달걀 1개를 깨뜨려 담은 뒤 끓는 물 위에 올려 익힌다. 달걀흰자의 가장자리가 익으면 물 속으로 국자를 조심스럽게 넣어 그대로 5분 정도 익힌다. 이 방법으로 수란 2개를 만든다.

4 **소스 만들기**  달군 팬에 버터를 녹이고 다진 양파를 볶다가 밀가루를 넣어 색이 변하지 않도록 1~2분 정도만 볶는다. 우유와 얇게 썬 양송이를 넣고 멍울이 생기기 않도록 저어가며 끓인 다음 다진 파슬리와 소금, 후춧가루를 넣어 간한다.

5 **잉글리시 머핀에 수란 올리고 소스 끼얹기**  구운 잉글리시 머핀에 치즈와 햄, 수란을 올린 뒤 소스를 끼얹는다.

1      3      4      5

# 멕시칸 프라이드 에그

토르티야에 달걀프라이를 얹고 아보카도와 치즈, 새콤한 토마토 소스를 곁들인 멕시코식 브런치.
달걀노른자를 살짝 덜 익혀내는 것이 포인트다.

**재료(2인분)**
토르티야 2장
아보카도 1/2개
달걀 4개
피자 치즈 50g
소금 조금

**토마토 소스**
토마토퓌레 200g
다진 양파 4큰술
소금 조금
후춧가루 조금
올리브오일 조금

1 **토마토 소스 만들기**  달군 팬에 올리브오일을 두르고 다진 양파를 넣어 갈색이 나도록 볶다가 토마토퓌레와 소금, 후춧가루를 넣고 걸쭉해질 때까지 끓인다.

2 **아보카도 썰기**  아보카도는 씨를 빼고 껍질을 벗겨 모양대로 얇게 썬다.

3 **토르티야 굽기**  마른 팬에 토르티야를 앞뒤로 살짝 굽는다.

4 **달걀프라이 하기**  달군 팬에 기름을 두르고 달걀을 깨뜨려 넣은 뒤 소금을 뿌려 간한다. 달걀노른자는 살짝 덜 익힌다.

5 **토르티야에 소스 바르고 달걀 올리기**  구운 토르티야에 토마토 소스를 골고루 펴 바르고 치즈와 아보카도, 달걀프라이를 올린 뒤 반 접는다.

2    3    4

tip

돌돌 만 부리토에
달걀노른자를 발라서 오븐에
치즈가 약간 녹을 때까지
구워도 맛있다.

# 에그 부리토

스크램블드 에그에 갖은 재료를 곁들여 토르티야에 싸 먹는 멕시칸 스타일의 요리다.
아이들 간식으로 준비하거나 도시락으로 싸기에 좋다.

**재료(2인분)**

토르티야 2장
슬라이스 햄 2장
슬라이스 체다 치즈 2장
달걀 3개
감자 1개
소금 조금
후춧가루 조금
식용유 조금

1 **감자 볶기** 감자는 가로세로 1cm 크기로 납작하게 썰어 소금과 후
  춧가루를 뿌린 뒤, 기름 두른 팬에 노릇하게 볶는다.

2 **햄·치즈 썰기** 햄과 치즈는 가늘게 채 썬다.

3 **달걀 익히기** 달걀을 풀어 체에 내린 뒤 기름 두른 팬에 붓고 젓가
  락으로 휘저어가며 익힌다.

4 **부리토 말기** 토르티야 한쪽에 볶은 감자와 달걀, 햄, 치즈를 올리
  고 돌돌 말아 양쪽을 접는다.

5 **부리토 굽기** 마른 팬에 부리토를 올려 앞뒤로 굽는다.

1·2    4    5

# 수란 샐러드

상큼한 채소와 파프리카, 래디시를 듬뿍 넣고 단백질이 풍부한 저칼로리 닭가슴살로
영양을 채운 다이어트 건강식이다. 부드럽게 익힌 수란을 터뜨려 먹는 맛이 일품이다.

**재료(2인분)**

달걀 1개
닭가슴살 40g
샐러드용 채소 60g
토마토 1/2개
파프리카 1/4개
래디시 1개
올리브 3개
식초 조금
식용유 조금

**드레싱**

다진 양파 2큰술
화이트와인 식초 2큰술
올리브오일 3큰술
레몬즙·꿀 1큰술씩
소금 조금

1 **채소 손질하기** 샐러드용 채소를 깨끗이 씻어 물기를 뺀 뒤 먹기 좋게 썬다.

2 **닭가슴살 삶아 찢기** 닭가슴살은 끓는 물에 삶아 건진다. 식으면 손으로 먹기 좋게 찢어둔다.

3 **재료 썰기** 토마토는 적당한 크기로 썰고, 파프리카는 채 썬다. 래디시는 저며 썰고, 올리브는 반 가른다.

4 **수란 만들기** 냄비에 물을 넉넉히 붓고 식초를 조금 넣어 끓인다. 물이 끓으면 국자에 기름을 살짝 바르고 달걀을 깨뜨려 넣어 끓는 물 위에 올려 익힌다. 달걀이 어느 정도 익으면 국자를 물속에 푹 담근다.

5 **드레싱 만들기** 드레싱 재료를 골고루 섞는다.

6 **그릇에 담기** 그릇에 샐러드용 채소와 닭가슴살, 토마토, 파프리카, 래디시, 올리브를 담고 맨 위에 수란을 올린다. 드레싱을 끼얹어 낸다.

## ●●●
# 달걀 샐러드

삶은 달걀과 토마토, 아보카도,
아스파라거스를 가지런히 담고
드레싱을 끼얹은 깔끔한 샐러드다.
냉장고에 있는 갖은 재료를 이용해
만들 수 있다.

2  　　　3

**재료(2인분)**
달걀 3개, 토마토 1개
아보카도 1/2개
아스파라거스 3줄기
아몬드 슬라이스 조금
소금 조금

**드레싱**
다진 양파 1큰술
레몬오일 3큰술
화이트와인 식초 2큰술
머스터드·꿀 조금씩
소금 조금

1　**달걀 삶기**　달걀을 삶아 껍질을 벗기고 길게 반 자른다.

2　**아스파라거스 데치기**　아스파라거스는 밑동을 자르고 껍질을 벗긴
　　뒤, 끓는 물에 소금을 넣고 30초 정도 데쳐 차게 식힌다.

3　**토마토·아보카도 썰기**　토마토는 반 갈라 웨지 모양으로 썰고, 아보
　　카도는 씨를 빼고 껍질을 벗겨 모양대로 얇게 저며 썬다.

4　**드레싱 만들기**　드레싱 재료를 골고루 섞는다.

5　**그릇에 담기**　접시에 준비한 재료를 담고 드레싱을 끼얹어 낸다.

*　레몬오일이 없을 때는 올리브오일이나 포도씨오일을 넣고 레몬즙을 조금 넣는다.

## 메추리알 단호박 샐러드

비타민 A가 풍부하고 소화가 잘되는
단호박을 삶아서 메추리알과 함께
머스터드 드레싱으로 버무렸다.
달콤한 바나나와 쌉싸름한 적양배추가
잘 어울린다.

1

2

**재료(2인분)**

메추리알 10개
단호박 100g
바나나 1개
적양배추 1장

**드레싱**

마요네즈 1/3컵
디종 머스터드 1작은술

1 **메추리알 삶기**  메추리알을 삶아 껍질을 벗긴다.

2 **부재료 준비하기**  단호박은 껍질을 벗기고 씨를 긁어낸 뒤 전자레인
지에 익힌다. 찐 단호박과 바나나는 한 입 크기로 썰고, 적양배추
는 채 썬다.

3 **드레싱 만들기**  마요네즈에 디종 머스터드를 섞어 드레싱을 만든다.

4 **드레싱에 버무리기**  준비한 재료를 한데 담고 드레싱으로 버무린다.

\* 남은 단호박을 보관할 때는 씨를 깨끗하게 긁어낸 뒤 랩에 싸서 냉장 보관한다.

tip

시판 크루통을
이용하면 조리시간도 줄일
수 있고 요리하기가 한결
편리하다.

# 달걀 토마토 수프

토마토와 양파, 달걀을 폭 끓여 만든 마법의 다이어트 수프.
에그 수프 한 그릇이면 속이 든든하면서 칼로리 걱정, 영양 걱정은 사라진다.

**재료(2인분)**

달걀 2개
식빵 1장
양파 1/2개
토마토 1개
버터 조금
파슬리 가루 조금
소금 조금
후춧가루 조금

**맛국물**

치킨스톡 1개
물 1½컵

1 **양파·토마토 썰기** 양파는 채 썰고, 토마토는 4등분한다.

2 **크루통 만들기** 식빵을 사방 1cm 크기의 주사위 모양으로 잘라 마른 팬에 굽는다.

3 **맛국물 만들기** 냄비에 물을 붓고 치킨스톡을 넣어 팔팔 끓인다.

4 **양파 볶기** 다른 냄비에 버터를 두르고 채 썬 양파를 넣어 갈색이 나도록 볶는다.

5 **수프 끓이기** ④에 준비한 맛국물을 부어 끓이다가 토마토를 넣는다.

6 **달걀 풀어 넣기** 달걀을 곱게 풀어 넣고 소금과 후춧가루로 간한다.

7 **그릇에 담기** 수프가 끓으면 불을 끄고 그릇에 담은 뒤 크루통을 올리고 파슬리 가루를 뿌린다.

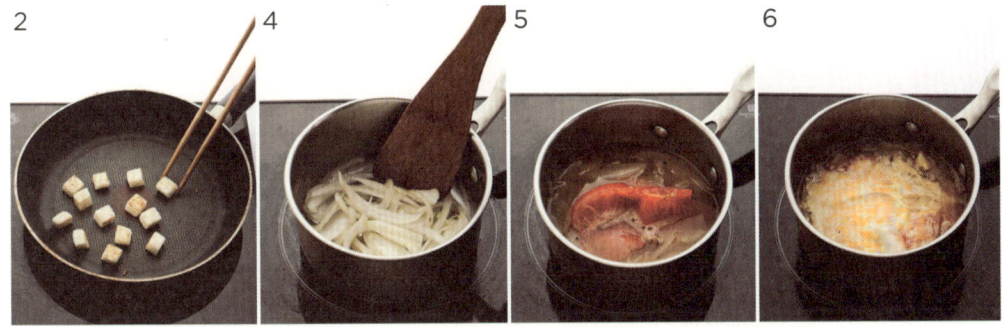

2  4  5  6

# Part 2 매일 색다른 밥반찬

달걀말이, 달걀찜은 언제 먹어도 질리지 않는 국민 반찬이다.

만들기도 쉬워 달걀 하나만 있으면 누구나 영양 만점 달걀 반찬을 뚝딱 만들 수 있다.

조리법도 다양해 날마다 다른 맛을 즐길 수 있다.

tip

기름을 많이 두르면
기포가 생기고 매끄럽게 되지
않는다. 팬을 충분히 달구어
기름을 두르고 종이타월로
살짝 닦아낸 뒤 부친다.

# 달걀말이

달걀을 풀어 두툼하게 부친 달걀말이는 남녀노소 누구나 좋아하는 반찬이다.
피자 치즈를 듬뿍 뿌려서 달걀말이를 해도 고소하고 맛있다.

**재료(2인분)**
달걀 4개
우유 2큰술
다진 실파 3큰술
국간장 1/4작은술
깨소금 1작은술
소금 1/4작은술
식용유 적당량

1 **달걀 풀어 체에 내리기** 달걀을 곱게 풀어 소금으로 간하고 체에 한 번 내린다.

2 **달걀물 만들기** 풀어놓은 달걀에 우유와 다진 실파, 국간장, 깨소금을 넣어 섞는다.

3 **달걀물 부어 익히기** 코팅이 잘된 사각 팬을 약한 불로 달군 뒤 기름을 두르고 달걀물을 1/3 정도만 붓는다. 80% 정도 익으면 3cm 정도 폭으로 돌돌 말아 한쪽으로 민다.

4 **나머지 달걀물 부어 말기** 말아놓은 달걀말이 옆에 남은 달걀물의 반을 붓고 80% 정도 익으면 이어서 돌돌 만다. 나머지 달걀물을 부어 반복한다. 이렇게 해야 겉과 속이 골고루 익는다.

5 **김발로 모양 잡기** 완성된 달걀말이를 김발로 감싸 모양을 다듬은 뒤 한 김 식힌다.

6 **달걀말이 썰기** 달걀말이가 식으면 먹기 좋은 크기로 썬다.

1

3

5

# 시금치 달걀말이

시금치는 달걀과 함께 요리하면
모양도 살고 영양도 업그레이드된다.
간단하게 만드는 달걀말이에
시금치 하나만 넣어도 특별해진다.

2

3

**재료(2인분)**

시금치 100g
게맛살 10g
달걀 4개
소금 조금
깨소금·참기름 조금씩
식용유 적당량

1 **달걀 풀기** 달걀을 곱게 풀어 체에 곱게 내린 뒤 소금으로 간한다.

2 **게맛살·시금치 준비하기** 게맛살은 잘게 찢고, 시금치는 데쳐서 물기를 짠 뒤 소금, 깨소금, 참기름으로 간한다.

3 **달걀물 부어 익히기** 기름 두른 팬에 달걀물을 1/3 정도만 붓고 익힌다. 살짝 익으면 가운데 시금치와 게맛살을 올리고 돌돌 말아 한쪽으로 민다. 나머지 달걀물을 두 번에 걸쳐 붓고 이어서 돌돌 마는 과정을 반복한다.

4 **김발로 모양 잡기** 완성된 달걀말이를 김발로 감싸 모양을 다듬은 뒤 한 김 식힌다.

5 **달걀말이 썰기** 달걀말이가 식으면 먹기 좋은 크기로 썬다.

## 명란 달걀말이

명란을 통째로 넣고 돌돌 말아
구운 일본식 달걀말이.
짜지 않고 색소도 쓰지 않은
백명란을 넣어 담백한 맛을 살렸다.
도시락 반찬으로도 딱 좋다.

2                          3

**재료(2인분)**

백명란 50g
맛술 1큰술
식용유 적당량

**달걀물**

달걀 3개
다시마국물 2큰술
청주·맛술 1큰술씩
소금 조금

1 **달걀물 만들기** 달걀물 재료를 모두 섞은 뒤 체에 한 번 내린다.

2 **명란 손질하기** 백명란을 반 갈라 맛술 1큰술을 살짝 뿌려놓는다.

3 **달걀 부어 익히기** 기름 두른 팬에 달걀물을 1/3 정도만 붓고 익힌
다. 살짝 익으면 가운데 ②의 백명란을 올리고 돌돌 말아 한쪽으
로 민다. 나머지 달걀물을 두 번에 걸쳐 붓고 이어서 돌돌 마는 과
정을 반복한다.

4 **김발로 모양 잡기** 완성된 달걀말이를 김발로 감싸 모양을 다듬은
뒤 한 김 식힌다.

5 **달걀말이 썰기** 달걀말이가 식으면 먹기 좋은 크기로 썬다.

## • • •
# 달걀찜

부드러운 달걀찜 하나만 있어도
밥 한 그릇을 뚝딱 비울 수 있다.
대파를 송송 썰어 넣으면 특유의
알싸한 맛과 향이 더해져 입맛을 돋운다.

2    4

**재료(2인분)**

달걀 5개
대파 1뿌리
새우젓 1/2큰술
맛술 2큰술
소금 1작은술
물 2½컵

1 **달걀 풀어 체에 내리기**  달걀을 곱게 풀어 소금으로 간하고 체에 한 번 내린다.

2 **새우젓·대파 준비하기**  새우젓은 잘게 다지고, 대파는 송송 썬다.

3 **재료 섞기**  풀어놓은 달걀에 새우젓과 대파, 맛술, 물을 넣고 골고루 섞는다.

4 **중탕으로 찌기**  ③을 그릇에 담아 물을 반 정도 채운 냄비에 중탕으로 15분 정도 찐다.

\* 달걀물을 만들 때 맹물 대신 멸치국물이나 다시마국물을 넣어도 맛있다.

# 뚝배기 달걀찜

곱게 푼 달걀을 새우젓으로 간 맞춰
부드럽게 익힌 달걀찜.
뚝배기에 안쳐 푸짐하게 준비하면 모두
숟가락 옮기느라 바빠지는 반찬이다.

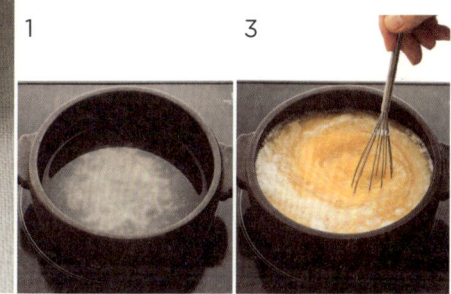

**재료(2인분)**
달걀 4개
멸치국물 1½컵
새우젓 1큰술
표고버섯 가루 1작은술
맛술 2큰술
참기름 1작은술
다진 풋고추·붉은 고추 조금씩
깨소금 조금

1 **국물 끓이기**  뚝배기에 멸치국물과 새우젓을 담아 한소끔 끓인다.

2 **달걀물 만들기**  달걀을 곱게 풀어 체에 내린 뒤 표고버섯 가루와 맛술, 참기름을 넣고 섞는다.

3 **달걀물 끓이기**  ①의 뚝배기에 달걀물을 붓고 거품기로 저어가며 중간 불에서 끓인다.

4 **뜸들이기**  달걀물이 익기 시작하면 다진 고추와 깨소금을 뿌리고 불을 가장 약하게 줄여 5분 정도 뜸을 들인다.

\* 처음에는 중간 불에서 익히다가 달걀물이 익으면서 뻑뻑해지면 바로 불을 약하게 줄인다. 그래야 타지 않고 부드럽게 된다.

tip

고명은 처음부터 넣으면
달걀 속으로 빠져 보이지
않으므로 달걀이 반 정도
익었을 때 올린다.

# 일본식 달걀찜

야들야들하고 부드러운 맛이 일품인 달걀찜. 다시마국물과 청주를 넣어 부드러운 맛을 살렸다.
고명은 은행, 새우, 버섯, 죽순, 게살 등을 적당히 응용해서 올린다.

**재료(2인분)**

달걀 3개
다시마국물 2¼컵
게맛살 10g
칵테일 새우 3마리
은행 4알
국간장 1/4작은술
청주 1큰술
소금 1작은술

1 **달걀 풀어 체에 내리기** 달걀을 곱게 풀어 소금, 청주, 국간장으로 간하고 체에 한 번 거른다.

2 **은행 볶아 껍질 벗기기** 은행은 마른 팬에 볶아 껍질을 벗긴다.

3 **게맛살·새우 손질하기** 게맛살은 가늘게 찢고, 냉동 칵테일 새우는 해동해 물기를 없앤다.

4 **그릇에 담기** 풀어놓은 달걀에 다시마국물과 게맛살을 섞어 그릇에 담고 알루미늄 포일로 덮는다.

5 **중탕으로 찌기** 물을 반쯤 채운 냄비에 달걀 그릇을 넣어 10분 정도 찐 뒤, 은행과 새우를 올리고 5분 정도 더 익힌다.

tip

달걀 대신 메추리알로
조림을 해도 맛있다.
메추리알은 조림장에 우르르
끓이는 정도로만 조려야
너무 짜지지 않고
간이 맞는다.

# 달걀조림

달걀을 삶아 조림장에 은근히 조린 인기 밥반찬. 고추를 넣어 칼칼한 맛을 살렸다.
달걀로만 장조림을 만들어도 좋고, 달걀과 고기를 함께 조려도 좋다.

**재료(2인분)**

달걀 5개

**조림장**

마른 고추 3개
간장 5큰술
청주·맛술 2큰술씩
매실청 1큰술
설탕 1큰술
물 5큰술

1 **달걀 삶기** 냄비에 달걀을 담고 물을 부어 9분 정도 삶는다. 삶은 달걀은 바로 찬물에 식혀 껍질을 벗긴다.

2 **조림장 끓이기** 냄비에 조림장 재료를 모두 담아 중간 불에서 끓인다.

3 **달걀 조리기** 조림장이 끓으면 삶은 달걀을 넣고 간이 배도록 약한 불에서 조린다.

4 **그릇에 담기** 달걀흰자가 갈색으로 변하면 불을 끄고 국물과 함께 그릇에 담는다.

1

2

3

tip

토마토 대신
파프리카나 주키니 호박
등을 넣고 함께 볶아도 좋다.
밥반찬이지만, 식사대용으로
준비해도 좋다.

# 토마토 달걀볶음

달걀과 토마토만으로 만드는 일본식 달걀 반찬. 상큼하고 부드러워 아이들이 좋아하는 음식이다.
달걀과 토마토를 센 불에서 재빨리 한 덩어리로 익혀내는 게 포인트.

**재료(2인분)**
완숙 토마토 1개
달걀 3개
소금 조금
후춧가루 조금
올리브오일 적당량

1 **달걀 풀어 체에 내리기** 달걀을 곱게 풀어 체에 한 번 내린다.

2 **토마토 썰기** 토마토는 방사형으로 8~12등분한다. 세로로 반 자른 뒤 웨지 모양으로 썰면 된다.

3 **달걀 익히기** 달군 팬에 기름을 넉넉히 두르고 체에 내린 달걀을 부어 젓가락으로 저어가며 살짝 익힌다.

4 **토마토 넣기** ③에 토마토를 넣고 뒤섞어 한 덩어리로 만든다.

5 **간하기** 마지막에 소금과 후춧가루를 뿌려 간한다.

tip

주로 일본 라면
위에 올려 먹는 반숙 달걀
장아찌는 밥반찬으로
준비하거나 우동, 비빔밥
등의 고명으로 올리면
좋다.

# 반숙 달걀 장아찌

반숙 달걀로 만드는 일본식 달걀 장아찌. 달걀을 삶을 때는 얼마나 익었는지 보이지 않기 때문에
시간을 재면서 삶는 것이 중요하다. 달걀노른자가 말랑말랑하게 익을 정도로만 삶는다.

**재료(2인분)**

달걀 5개
식초 1큰술
소금 1작은술

**조림장**
마른 표고버섯 1개
양파 1/6개
대파 1뿌리
마늘 2쪽
간장 1/2컵
설탕·맛술 2큰술씩
물 1컵

1 **달걀 삶기** 냄비에 달걀을 담고 물을 부은 뒤 식초 1큰술, 소금 1작
은술을 넣고 9분 정도 반숙으로 삶는다. 삶은 달걀은 바로 찬물에
식혀 껍질을 벗긴다.

2 **채소 손질하기** 마늘은 껍질을 벗겨 깨끗이 씻고, 양파는 껍질을 벗
겨 큼직하게 썬다. 대파는 3등분한다. 말린 표고버섯은 젖은 행주
로 깨끗이 닦는다.

3 **조림장 만들기** 냄비에 손질한 마늘과 양파, 대파, 말린 표고버섯,
간장, 설탕, 맛술, 물을 넣고 약한 불에서 10분 정도 끓인 뒤 체에
거른다.

4 **조림장에 담가두기** 삶은 달걀을 조림장에 3~4시간 정도 담가두어
간이 배도록 한다.

1      3      4

tip

쯔유는 다시마,
가다랑어포 등으로 맛을
낸 일본식 맛간장으로,
튀김간장이나 메밀국수,
덮밥 등에 다양하게
이용된다.

# 온천 달걀

흰자는 살짝 덜 익고 노른자는 젤리처럼 익은 부드러운 달걀이다. 밥이나 죽에 곁들여 먹기 좋다.
온천 달걀은 삶는 시간과 물의 온도를 잘 맞추는 게 중요하다.

**재료(2인분)**
달걀 2개
식초 1큰술
소금 1작은술
다진 실파 조금

**소스**
쯔유 간장 2큰술
물 1/2컵

1 **물 끓이기** 냄비에 달걀이 잠길 정도의 물을 붓고 식초와 소금을 넣고 끓인다.

2 **달걀 삶기** 물이 끓어오르면 달걀을 넣고 불을 끈다. 15분 정도 두었다가 건져내 찬물에 5분 정도 담가둔다.

3 **소스 만들기** 쯔유 간장에 물을 섞어 소스를 만든다.

4 **그릇에 담기** 그릇에 삶은 달걀을 깨뜨려 담고 소스를 부은 뒤 다진 실파를 뿌린다.

2    3    4

tip

베이크드 빈스 통조림
대신 완두콩 통조림이나
옥수수 통조림으로
대체해도 된다.

# 베이크드 에그 & 빈스

알알이 씹히는 콩과 부드럽게 익은 달걀이 조화를 이뤄 색다른 맛을 느낄 수 있다.
간단한 재료로 완성하는 근사한 요리다.

**재료(2인분)**

달걀 2개
베이크드 빈스 통조림 1/2캔
(200g)
소금 조금
후춧가루 조금
버터 조금

1 **오븐 예열하기**  오븐을 190℃로 예열한다.

2 **그릇에 버터 바르기**  오븐용 내열 그릇에 버터를 골고루 바른다.

3 **베이크드 빈스 데우기**  냄비에 베이크드 빈스를 넣고 약한 불에서
저어가며 살짝 데운다.

4 **내열 그릇에 달걀 담기**  버터 바른 그릇에 데운 베이크드 빈스를 담
고 달걀을 깨뜨려 올린 다음 소금과 후춧가루를 뿌린다.

5 **오븐에 굽기**  오븐 팬에 물을 담고 ④의 그릇을 올려 190℃의 오븐
에 10분 정도 굽는다.

2       3       4

tip

달걀물을 조금씩
부어가며 끓여야 부드럽게
익는다. 마지막에 구운 김을
부숴 넣어도 맛있다.

# 달걀국

끓는 물에 달걀을 풀어 넣고 재빨리 끓여내는 스피드 국.
냉장고가 비었거나 별다른 국거리가 생각나지 않을 때 간편하게 준비할 수 있다.

**재료(2인분)**
달걀 2개
실파 4뿌리
국간장 1작은술
소금 1작은술
후춧가루 조금
참기름 1/2작은술

**멸치다시마국물**
굵은 멸치 10마리
다시마(5×5cm) 1장
물 2½컵

1 **국물 내기** 냄비에 물을 붓고 굵은 멸치와 다시마를 넣어 끓인다. 끓어오르면 다시마를 건져내고 15분 정도 더 끓인 뒤 불을 끄고 멸치를 건진다.

2 **달걀 풀기** 달걀은 곱게 풀어 체에 한 번 내린다.

3 **실파 썰기** 실파는 다듬어서 송송 썬다.

4 **달걀 넣어 끓이기** 멸치다시마국물에 실파와 국간장, 소금을 넣어 간을 맞추고 체에 내린 달걀을 조금씩 흘려 넣어가며 끓인다.

5 **참기름·후춧가루 넣기** 끓어오르면 불을 끄고 참기름과 후춧가루를 넣는다.

1    2    4

tip

비엔나소시지는 칼집을
3~4번 넣어주어야 맛이 잘
밴다. 까나리액젓이 없다면
멸치액젓으로 대신해도 된다.

# 얼큰 달걀찌개

달걀과 비엔나소시지만 넣고 매콤하게 끓인 찌개. 별다른 재료 없이도 특별한 찌개를 즐길 수 있다.
얼큰한 국물과 달걀의 조화가 일품이다. 술안주로 내놓기에도 좋다.

## 재료(2인분)
달걀 3개
비엔나소시지 15개
다진 마늘 1큰술
고춧가루 2큰술
까나리액젓 1큰술
간장 1/2큰술
생강즙 1/2작은술
참기름 1큰술
풋고추·붉은 고추 1/2개씩
대파 조금

**맛국물**
치킨스톡 1/2개
물 2컵

1 **비엔나소시지 데치기** 비엔나소시지는 칼집을 넣어 끓는 물에 데친다.

2 **양념장 만들기** 다진 마늘, 고춧가루, 액젓, 간장, 생강즙, 참기름을 골고루 섞어 양념장을 만든다.

3 **고추·대파 썰기** 고추와 대파는 어슷하게 썬다.

4 **맛국물에 양념장 넣어 끓이기** 냄비에 물과 치킨스톡을 넣어 끓이다 가 비엔나소시지와 양념장을 넣어 팔팔 끓인다.

5 **달걀 풀어 넣기** 찌개가 끓으면 달걀을 깨뜨려 넣고 휘젓지 않은 상 태로 끓인다.

6 **고추·대파 넣기** 달걀이 반 정도 익으면 고추와 대파를 넣고 불을 끈다.

1      2      5

tip

뜨거운 국물에 녹말물을
넣으면 덩어리째 익어버리기
쉽다. 냄비 가장자리로
조금씩 흘려넣으면서
잘 저어줘야 한다.

# 중국식 해물계란탕

걸쭉하면서도 진한 국물이 특징인 중국식 해물계란탕. 반찬은 물론 간단한 술안주로도 환영받는다.
청양고추를 넣어 칼칼한 맛을 더해도 좋다.

**재료(2인분)**

달걀흰자 2개
게맛살 50g
칵테일 새우 10개
표고버섯 1개
대파 1/2뿌리
생강 1/2개
청주 1큰술
녹말물 2큰술
(녹말가루 1큰술, 물 2큰술)
참기름 1작은술
식용유 1큰술

**맛국물**

치킨스톡 1개
굴 소스 1작은술
물 3컵

1 **게맛살·새우 준비하기** 게맛살은 작게 찢고, 칵테일 새우는 해동한다.

2 **채소 썰기** 생강은 저며 썰고, 대파는 어슷하게 썬다. 표고버섯은 기둥을 떼어 모양대로 얇게 썬다.

3 **맛국물 만들기** 냄비에 물을 붓고 치킨스톡과 굴 소스를 넣어 팔팔 끓인다.

4 **재료 볶기** 달군 팬에 기름을 두르고 생강과 대파를 볶아 향을 낸 뒤 게맛살, 새우, 표고버섯 순서로 넣어가며 살짝 볶는다.

5 **맛국물에 재료 넣어 끓이기** 맛국물에 청주와 볶은 재료를 모두 넣고 끓인다. 국이 끓으면 달걀흰자를 풀어 넣는다.

6 **녹말물 넣기** 녹말가루 1큰술에 물 2큰술을 섞어 끓는 국물에 흘려가며 넣고 참기름으로 마무리한다.

1·2        5        6

tip

재료를 볶을 때
고추기름을 조금 넣으면
칼칼한 맛을 더할 수 있다.
완성된 카레는 튀김에
소스로 곁들여도
잘 어울린다.

# 에그 카레

건강에 좋다는 카레는 만들기도 쉬워 누구나 즐겨 먹는다. 카레를 끓일 때
달걀을 풀어 넣으면 맛이 부드럽고 진해진다. 다양한 채소를 넣어 맛과 모양을 살렸다.

**재료(2인분)**

고형 카레 50g
달걀 2개
양파 1개
파프리카 1/2개
주키니 호박 5cm
식용유 적당량
물 3컵

1 **달걀 풀어 체에 내리기** 달걀을 곱게 풀어 체에 한 번 내린다.

2 **채소 썰기** 양파는 곱게 다지고, 파프리카와 호박은 사방 1cm 크기
로 네모지게 썬다.

3 **채소 볶기** 달군 팬에 기름을 두르고 양파를 넣어 갈색이 나도록
볶다가 파프리카와 호박을 넣어 볶는다.

4 **카레 끓이기** ③에 물을 붓고 카레를 넣어 푼다.

5 **달걀 섞어 끓이기** 카레가 끓어오르면 체에 내린 달걀을 넣고 저어
가며 한소끔 끓인다.

2     3     5

tip

달걀흰자는 달걀노른자에
비해 탄력이 적어 지단을
부칠 때 찢어지기 쉽다.
녹말가루를 조금 섞으면
탄력이 생긴다.

# 달걀쌈

달걀을 얇게 부쳐 지단을 만든 다음 닭가슴살과 파프리카, 양배추, 오이를 채 썰어 함께 낸다.
고소한 달걀쌈 속에서 아삭아삭 씹히는 채소의 맛이 좋다.

**재료(2인분)**
달걀 3개
닭가슴살 50g
오이 1/2개
적양배추 3장
파프리카 1/2개
무순 조금
소금 적당량
식용유 적당량

**월남쌈 소스**
다진 마늘 1작은술
피시소스 1큰술
스위트 칠리 소스 2큰술
레몬즙 1큰술
다진 붉은 고추 조금

1 **달걀 풀어 체에 내리기** 달걀은 흰자와 노른자를 분리해 각각 소금으로 간하여 곱게 푼 뒤 체에 한 번 내린다.

2 **달걀지단 부치기** 약한 불로 달군 팬에 기름을 두르고 종이타월로 한 번 닦아낸 다음, 달걀물을 숟가락으로 떠 올려 지름 6cm 정도로 동그랗게 부친다.

3 **채소 준비하기** 오이는 5cm 길이로 잘라 돌려 깎은 뒤 채 썬다. 적양배추와 파프리카도 곱게 채 썬다.

4 **닭가슴살 삶아 찢기** 닭가슴살은 끓는 물에 삶아 건진다. 식으면 손으로 먹기 좋게 찢어둔다.

5 **월남쌈 소스 만들기** 소스 재료를 고루 섞는다.

6 **그릇에 담기** 달걀지단과 준비한 재료를 그릇에 가지런히 담고 소스를 곁들여 낸다.

1

2

3

# Part 3 밥, 국수, 빵과 함께

달걀은 그 자체로 훌륭한 요리가 되지만 밥이나 국수, 빵과 함께 다양한 요리로 변신할 수
있다. 오므라이스, 전, 프렌치토스트 같은 요리는 달걀이 들어가야 비로소 완성된다.
달걀 피자, 달걀 샌드위치, 달걀말이 김밥, 라면 스키야키 등 달걀을 이용한 요리의 무한한
변주를 즐겨보자.

tip

데미글라스 소스는
쇠고기 육수, 레드와인,
토마토 페이스트 등을
섞어 만든 소스로 브라운
소스라고도한다.

## 오므라이스

볶음밥을 달걀로 감싸 모양을 잡은 오므라이스는 아이들이 특히 좋아하는 메뉴.
토마토케첩이나 데미글라스 소스를 뿌리면 잘 어울린다.

**재료(2인분)**
달걀 4개
우유 2큰술
파르메산 치즈 가루 1큰술
소금·후춧가루 조금씩
식용유 적당량

**볶음밥**
밥 1공기
베이컨 2장
양파 1/6개
피망 1/2개
토마토케첩 2큰술
소금·후춧가루 조금씩

1 **볶음밥 재료 준비하기** 양파와 피망, 베이컨을 다진다.

2 **볶음밥 만들기** 달군 팬에 기름을 두르고 베이컨을 먼저 볶다가 양파와 피망, 밥을 순서대로 넣어 볶는다. 소금, 후춧가루로 간한다.

3 **달걀물 만들기** 달걀을 풀어 체에 내린 뒤 우유, 파르메산 치즈 가루, 소금, 후춧가루를 넣어 섞는다.

4 **달걀물 팬에 붓기** 달군 팬에 기름을 두르고 달걀물을 부어 고루 퍼지게 한다.

5 **밥 올려 모양 잡기** 달걀이 반 정도 익으면 볶음밥을 가운데에 놓고 반으로 접어 모양을 다듬는다.

6 **접시에 담기** 오므라이스를 접시에 담고 토마토케첩을 위에 뿌린다.

1       2       5

tip

여기서는 지름 25cm
정도의 토르티야에
달걀노른자 1개를 넣었지만,
기호에 따라 3~4개를
넣어도 된다.

# 달걀 버섯 피자

토르티야를 이용한 초간단 피자.
치즈의 고소한 맛과 표고버섯, 브로콜리가 어우러져 환상의 맛을 연출한다.

**재료(2인분)**

토르티야 1장
표고버섯 1개
브로콜리 50g
달걀노른자 1개
다진 마늘 1/2작은술
피자 치즈 80g
파르메산 치즈 가루 조금
토마토 소스 3큰술
올리브오일 조금
식용유 적당량

1 **오븐 예열하기**  오븐을 190℃로 예열한다.

2 **표고버섯·브로콜리 썰기**  표고버섯은 기둥을 떼어 저미고, 브로콜리는 살짝 데쳐 작게 썬다.

3 **표고버섯 볶기**  달군 팬에 기름을 두르고 다진 마늘을 볶다가 표고버섯을 넣어 노릇하게 볶는다.

4 **토르티야에 소스 바르기**  토르티야에 올리브오일을 얇게 바른 뒤 토마토 소스를 골고루 바른다.

5 **토르티야에 재료 올리기**  소스 위에 준비한 표고버섯과 브로콜리를 올린 뒤 가운데에 달걀노른자를 올린다. 그 위에 피자 치즈를 골고루 뿌린다.

6 **오븐에 굽기**  190℃의 오븐에 5~8분 정도 치즈가 사르르 녹을 때까지 굽는다. 오븐에서 꺼내 파르메산 치즈 가루를 뿌린다.

2          4          5

tip
디종 머스터드는
부드럽고 맛이 진한 것이
특징이다. 디종 머스터드가
없다면 일반 머스터드
소스를 써도 된다.

# 달걀 샌드위치

식빵 속에 삶은 달걀을 넣어 만든 간단한 샌드위치.
삶은 달걀을 으깨어 머스터드와 마요네즈를 섞고 알싸한 페퍼 가루로 느끼함을 잡았다.

**재료(2인분)**

식빵 4장
달걀 4개
오이 1/2개
마요네즈 3큰술
디종 머스터드 1작은술
설탕 1작은술
소금 조금
후춧가루 조금
케이엔 페퍼 가루 조금

1 **달걀 삶기** 냄비에 달걀을 담고 물을 부어 16분 정도 완숙으로 삶는다. 삶은 달걀은 바로 찬물에 식혀 껍질을 벗긴다.

2 **오이 저며 절이기** 오이는 필러로 얇게 저며 소금을 살짝 뿌려둔다.

3 **삶은 달걀 다지기** 삶은 달걀을 큼직큼직하게 다진다.

4 **속재료 만들기** 다진 달걀에 마요네즈와 디종 머스터드, 설탕, 소금, 후춧가루, 케이엔 페퍼 가루를 넣고 섞는다.

5 **식빵에 재료 올리기** 식빵 위에 오이를 깔고 속재료를 올린 뒤 다른 식빵으로 덮어 먹기 좋은 크기로 썬다.

1  2  4  5

tip

오븐에 구울 때 달걀이
바닥으로 흘러내릴 수
있으니 달걀이 흐트러지거나
한쪽으로 치우치지 않도록
주의한다.

# 에그 토스트

노릇한 달걀이 유난히 먹음직스러워 보이는 인기 토스트.
치즈를 뿌려 더욱 부드럽고 고소하다. 베이컨을 구워서 곁들이면 아침식사로도 충분하다.

**재료(2인분)**

식빵 2장
달걀 2개
파프리카 1개
양파 30g
피자 치즈 조금
파슬리 가루 조금
소금·후춧가루 조금씩
식용유 적당량

1 **오븐 예열하기**  오븐을 190℃로 예열한다.

2 **파프리카·양파 썰기**  파프리카는 먹기 좋은 크기로 썰고, 양파는 채 썬다.

3 **파프리카·양파 볶기**  달군 팬에 기름을 두르고 파프리카와 양파를 볶는다.

4 **식빵에 재료 올리기**  식빵 가운데 자리를 남기고 볶은 양파와 파프리카를 올린 다음, 가운데에 달걀을 깨뜨려 올린다.

5 **치즈 뿌리기**  ④에 치즈와 파슬리 가루, 소금, 후춧가루를 뿌린다.

6 **오븐에 굽기**  190℃의 오븐에 10분 정도 구워 접시에 담고 베이컨을 곁들여 낸다.

3      4      5

# 프렌치토스트 샌드위치

식빵에 달걀물을 입혀서 구워 부드럽고 촉촉한 맛이 좋다.
빵 사이에 베이컨과 치즈를 넣어 두툼하게 구우면 폭신폭신하고 맛도 더 풍성해진다.

**재료(2인분)**

식빵 4장
베이컨 4장
슬라이스 체다 치즈 2장
식용유 조금
슈거파우더 적당량

**달걀물**

달걀 2개
우유 1/4컵
설탕 1/2큰술
계핏가루 조금

1 **달걀물 만들기** 달걀을 곱게 풀어 체에 내린 뒤 우유, 설탕, 계핏가루를 넣고 섞는다.

2 **베이컨 굽기** 베이컨은 반 잘라 팬에 구운 다음 종이타월로 눌러 기름기를 없앤다.

3 **식빵에 재료 올리기** 식빵 위에 치즈와 구운 베이컨을 올리고 다른 식빵으로 덮는다.

4 **달걀물 입히기** ③의 샌드위치를 달걀물에 담가 앞뒤로 충분히 적신다.

5 **팬에 굽기** 팬에 기름을 두르고 ④의 샌드위치를 올려 약한 불에서 노릇하게 굽는다.

6 **슈거파우더 뿌리기** 구운 빵을 4등분으로 자르고 슈거파우더를 뿌린다.

2　　　　3　　　　4　　　　5

# 맥모닝

바쁜 아침에 후다닥 만들어 따뜻한 커피와
함께 먹으면 좋은 간편한 샌드위치.
패스트푸드점에서 사 먹었던 맥모닝을
간단히 집에서 만들어보자. 버터 대신
마요네즈나 토마토케첩을 써도 좋다.

1
2

**재료(2인분)**
잉글리시 머핀 2개
달걀 2개
베이컨 2장
슬라이스 체다 치즈 2장
버터 조금

1 **잉글리시 머핀 굽기**  잉글리시 머핀은 반 갈라 안쪽에 버터를 살짝
바르고 팬에 굽는다.

2 **달걀·베이컨 준비하기**  달걀은 노른자를 깨뜨려 완숙으로 프라이하
고, 베이컨은 노릇하게 굽는다.

3 **재료 올리기**  구운 잉글리시 머핀 위에 치즈와 달걀프라이, 베이컨
을 올리고 다른 빵으로 덮는다.

* 달걀프라이를 만들 때 원형 틀을 사용하면  잉글리시 머핀과 잘 맞는 동그란 모양
을 만들기가 쉽다.

# 크로크마담

진한 치즈 맛을 살린 프랑스식
샌드위치 크로크무슈에 달걀프라이를
올린 것이 크로크마담이다.
두툼한 잡곡빵에 사르르 녹아내린
치즈와 베샤멜 소스, 달걀이 어우러져
맛이 풍부하다.

**재료(2인분)**

잡곡빵 4쪽
달걀 2개
슬라이스 햄 2장
슬라이스 체다 치즈 2장
피자 치즈 1/2컵
버터 조금

**베샤멜 소스**

버터·밀가루 1큰술씩
우유 1컵
소금·후춧가루 조금씩

1 **베샤멜 소스 만들기**  달군 팬에 버터를 녹이고 밀가루와 소금, 후춧
  가루를 넣어 약한 불에서 2분 정도 볶다가, 우유를 조금씩 부어가
  며 거품기로 골고루 저어 매끈하고 걸쭉한 소스를 만든다.

2 **빵에 햄·치즈 올리기**  잡곡빵 한쪽에 버터를 바르고 슬라이스 햄과
  슬라이스 체다 치즈를 올린 다음 다른 빵으로 덮는다.

3 **오븐에 굽기**  ②의 빵 위에 베샤멜 소스를 듬뿍 바르고 피자 치즈
  를 뿌려 180℃의 오븐에 5분 정도 굽는다.

4 **달걀프라이 올리기**  달걀을 반숙으로 프라이해서 ③에 올린다.

# 반숙 샌드위치

특별한 소스 없이 토마토, 베이컨, 로메인 레터스만으로 최고의 궁합을 이루는 BLT샌드위치.
반숙으로 익힌 달걀프라이를 더해 맛과 영양을 높였다.

**재료(2인분)**

곡물빵 4쪽
달걀 2개
로메인 레터스 5장
토마토 1개
베이컨 3장
슬라이스 체다 치즈 1장
식용유 적당량

**스프레드**

마요네즈 3큰술
씨겨자 1큰술
디종 머스터드 1큰술

1 **재료 준비하기**  로메인 레터스는 먹기 좋은 크기로 자르고, 토마토는 0.5cm 두께로 동그랗게 저민다. 베이컨은 마른 팬에 구워서 종이타월로 눌러 기름기를 없앤다.

2 **달걀프라이 하기**  달군 팬에 기름을 두르고 달걀을 깨뜨려 반숙으로 프라이한다.

3 **스프레드 만들기**  마요네즈와 씨겨자, 디종 머스터드를 골고루 섞어 스프레드를 만든다.

4 **곡물빵 구워 스프레드 바르기**  곡물빵을 마른 팬에 살짝 구워낸 다음 스프레드를 골고루 펴 바른다.

5 **빵에 재료 올리기**  ④의 빵 위에 로메인 레터스와 토마토, 슬라이스 체다 치즈, 베이컨, 달걀프라이 순서로 올린 다음 다른 빵으로 덮는다.

2    3    4

## 모닝빵 버거

모닝빵에 토마토를 올리고 다진 양파와
오이피클을 고르게 펼쳐서 만든 샌드위치.
모닝빵과 어울리는 달걀샐러드가
부드럽고 고소하다.

**재료(2인분)**
모닝빵 2개,
토마토 1/2개
버터 2큰술

**속재료**
삶은 달걀 2개
다진 양파 1큰술
다진 오이피클 1큰술
마요네즈 소스 2큰술

1 **모닝빵 잘라 버터 바르기** 모닝빵은 위아래로 반 갈라 안쪽에 버터를
바른다.

2 **토마토 썰기** 토마토는 모닝빵 크기로 준비해 1cm 두께로 슬라이스
한다.

3 **속재료 준비하기** 삶은 달걀은 잘게 썰어 다진 양파, 다진 오이피클
과 섞고 마요네즈 소스를 넣어 고루 버무린다.

4 **샌드위치 만들기** 빵 아래쪽에 토마토를 올리고 버무린 속재료를
소복이 얹은 다음 나머지 빵으로 뚜껑을 덮는다.

# 달걀부침 토스트

길거리 포장마차에서 파는 채소 달걀부침 토스트. 양배추, 양파를 채 썰어 넣고 달걀부침을 부쳐서 식빵 사이에 끼운 뒤 토마토케첩을 뿌리면 된다.

**재료(2인분)**

식빵 4장
토마토케첩 조금
버터·식용유 조금

**야채 달걀부침**

달걀 2개
양배추 잎 3장
양파·당근 1/4개씩
대파 1/2뿌리
소금·후춧가루 조금씩
식용유 적당량

1 **식빵 굽기**  식빵은 버터를 두른 팬에 노릇하게 굽는다.

2 **달걀물에 채 썬 야채 섞기**  달걀을 풀어 소금, 후춧가루로 간하고 양배추, 양파, 당근, 대파를 곱게 채 썰어 함께 섞는다.

3 **달걀부침 지지기**  팬에 기름을 두르고 야채달걀물을 부어 빵의 크기로 모양을 잡은 후 익힌다.

4 **식빵에 달걀부침 얹기**  식빵 1장에 달걀부침을 얹은 뒤 토마토케첩을 뿌리고 다른 식빵 1장을 덮는다.

tip

달걀을 익힐 때는
약한 불에서 서서히 익히고,
달걀의 윗면이 덜 익었을 때
김밥을 올려야 잘 말린다.

# 달걀말이 김밥

늘 먹는 김밥에 변화를 주고 싶다면 노란 달걀지단으로 김밥에 옷을 입혀보자.
영양도 업그레이드되고 색깔도 예뻐 한결 먹음직스럽다.

**재료(2인분)**
따뜻한 밥 1½공기
시금치 110g
당근 1/3개
햄 150g
김밥용 단무지 150g
구운 김 3장
달걀 3개
다진 마늘 1/2작은술
소금 조금
참기름 적당량
식용유 조금

1 **밥 양념하기** 밥에 참기름 1큰술과 소금 1/2작은술을 넣고 골고루 섞는다.

2 **시금치 무치기** 시금치는 다듬어 씻어 끓는 소금물에 데친 뒤 찬물에 헹궈 물기를 짠다. 다진 마늘 1/2작은술과 참기름 1작은술, 소금 1/4작은술을 넣고 조물조물 무친다.

3 **당근 볶기** 당근은 채 썰어 기름 두른 팬에 소금으로 간을 해서 볶는다.

4 **햄 굽기** 햄은 0.5cm 굵기로 길게 썰어 기름 두른 팬에 굽는다.

5 **김밥 말기** 김발에 김을 깔고 밥을 1/3만큼 올려 고루 펼친 뒤, 준비한 시금치와 당근, 햄, 단무지를 하나씩 올려 돌돌 만다.

6 **달걀물 입혀 굽기** 달군 팬에 기름을 두르고 달걀을 깨뜨려 넣은 다음 달걀노른자를 풀면서 넓게 펼친다. 반 정도 익으면 그 위에 김밥을 올리고 달걀로 돌돌 말아 감싸 굽는다.

2       5       6

# 달걀밥전

표고버섯과 우엉으로 맛을 낸 볶음밥을
동그랗게 빚어서 지진 밥 동그랑땡.
아이들 도시락으로는 물론,
출출할 때 간식으로 준비하면 좋다.

**재료(2인분)**

밥 1공기, 달걀 1개
표고버섯 2개
우엉 50g
밀가루 3큰술
참기름·깨소금 조금씩
소금·식용유 조금씩

**조림장**

간장·맛술 2작은술씩
물 2큰술

1 **버섯·우엉 준비하기** 표고버섯은 물에 불려 기둥을 떼고 다진다. 우엉은 껍질 벗겨 다진 다음 조림장 재료를 넣어 조린다.

2 **밥 양념하기** 밥에 다진 표고버섯과 조린 우엉, 참기름, 깨소금, 소금을 넣고 골고루 섞는다.

3 **동그랗게 빚어 달걀옷 입히기** 양념한 밥을 지름 4~5cm, 두께 1cm 크기로 동글납작하게 빚는다. 동그랗게 빚은 밥에 밀가루를 묻히고 달걀을 풀어 달걀옷을 입힌다.

4 **팬에 지지기** 달군 팬에 기름을 두르고 달걀옷 입힌 밥을 올려 앞뒤로 노릇하게 지진다.

# 달걀말이 초밥

새콤하게 맛을 낸 초밥 위에
노란 달걀말이를 올린 뒤
김으로 띠를 둘러 모양을 냈다.
고추냉이 간장을 곁들이면
일식 초밥의 맛을 느낄 수 있다.

**재료(2인분)**

밥 2공기
구운 김 1장

**달걀물**

달걀 4개
다시마국물 4큰술
청주·맛술 1큰술씩
설탕 1작은술
소금 1/3작은술

**배합초**

식초·설탕 2큰술씩
소금 2작은술

1 **밥에 배합초 섞기** 따뜻한 밥에 설탕이 녹을 정도로 데운 배합초를 넣고 골고루 섞는다.

2 **달걀물 만들기** 달걀을 풀어 체에 내린 뒤 다시마국물과 청주, 맛술, 설탕, 소금을 넣어 섞는다.

3 **달걀말이 만들기** 기름 두른 팬에 달걀물을 반만 부어 익힌다. 겉이 살짝 응고되면 돌돌 말고, 빈자리에 남은 달걀물 반을 붓는다.

4 **밥 위에 달걀말이 올리기** ③의 달걀말이가 한 김 식으면 1cm 두께로 썰어 타원형으로 빚은 초밥 위에 올린다. 김을 길게 잘라 달걀말이 초밥 가운데에 두른다.

## 달걀버터밥

뜨거운 밥에 달걀노른자와 버터를 올려
쓱쓱 비벼 먹는 추억의 요리다.
달걀노른자를 간장에 절여서 넣으면
더 맛있다.

1          3

**재료(2인분)**

달걀노른자 4개
간장 ½컵, 맛술 ¼컵
깍두기·버터 조금씩

**버터밥**
쌀 2컵, 버터 1큰술
다시마(5cm) 1장, 물 2¼컵

**양념장**
간장 2큰술
다진 파·마늘 조금씩
참기름·깨소금 조금씩

1 **달걀노른자 절이기** 밀폐용기에 간장과 맛술을 붓고 달걀노른자를
터지지 않게 담아 반나절 정도 그대로 둔다.

2 **깍두기 다지기** 깍두기는 물에 헹군 뒤 잘게 다진다.

3 **버터밥 짓기** 쌀을 씻어 냄비에 담고 물을 부은 뒤 다시마와 버터를
넣어 밥을 짓는다.

4 **양념장 만들기** 양념장 재료를 분량대로 배합해 골고루 섞는다.

5 **그릇에 담기** 그릇에 버터밥을 담고 다진 깍두기를 뿌린 뒤 절인 달
걀노른자와 버터를 올린다. 양념장을 곁들여 비벼 먹게 한다.

# 달걀명란밥

뜨거운 밥에 명란젓과 달걀프라이를
얹어 비벼 먹는 별미밥.
참기름과 깨소금을 넣고 비비면
더욱 맛있다.

**재료(2인분)**

밥 2공기
명란젓 200g
달걀 2개
식용유 조금
송송 썬 실파 1큰술
참기름 2작은술
깨소금 조금
채 썬 김 적당량

1 **명란젓 썰기** 명란젓은 먹기 좋은 크기로 잘게 썬다.

2 **달걀프라이 하기** 달군 팬에 식용유를 두르고 달걀프라이를 만든다.

3 **그릇에 담기** 밥에 명란젓, 달걀프라이, 송송 썬 실파, 채 썬 김을
올리고 참기름과 깨소금을 뿌린다.

\* 명란 알집을 터뜨려 알만 발라내서 올려도 좋다.

tip

마요네즈 대신
굴 소스를 넣으면 중국식
볶음밥이 된다. 기호에 따라
토마토케첩을 뿌린다.

# 달걀볶음밥

바쁜 아침에도 손쉽게 준비할 수 있는 스피드 볶음밥. 달걀과 베이컨, 마늘, 양파가 들어가 영양에도 손색이 없다. 집에 있는 재료로 응용할 수 있다.

**재료(2인분)**
밥 1½공기
달걀 2개
달걀노른자 1개
베이컨 3장
양파 1/2개
마늘 3쪽
마요네즈 2큰술
다진 대파 4큰술
소금 1/2작은술
후춧가루 조금
식용유 조금

1 **재료 썰기** 베이컨은 1cm 길이로 썬다. 양파는 곱게 다지고, 마늘은 얇게 저민다.

2 **달걀 풀기** 달걀과 달걀노른자는 곱게 푼다.

3 **재료 볶다가 밥 넣어 볶기** 달군 팬에 기름을 두르고 베이컨과 양파, 마늘을 볶다가 밥과 마요네즈를 넣어 볶는다.

4 **달걀 넣어 볶기** 볶은 재료를 한쪽으로 밀고 풀어놓은 달걀을 부어 젓가락으로 휘저어가며 익히다가 밥을 넣고 골고루 섞어 볶는다.

5 **간하기** 소금과 후춧가루로 간한 뒤 다진 대파를 넣고 살짝 볶아 불에서 내린다.

tip
〰〰〰〰〰

바지락국물 대신 멸치,
황태로 국물을 내서 끓여도
잘 어울린다. 양념간장을
만들어 곁들여도 좋다.

# 달걀죽

달걀과 호박, 파프리카, 양파를 넣고 푹 끓인 간단 별미죽.
소화기능이 약하거나 입맛이 없을 때 먹으면 좋다.

**재료(2인분)**

밥 1공기
양파 50g
파프리카 1/4개
주키니 호박 1/4개
달걀 2개
청주 1큰술
소금·후춧가루 조금씩
참기름 1큰술
식용유 1큰술

**바지락국물**

바지락 300g
물 2½컵

1 **채소 썰기** 양파와 파프리카, 주키니 호박은 사방 0.5cm 크기로 네모지게 썬다.

2 **바지락국물 내기** 냄비에 물과 바지락을 넣고 팔팔 끓인 뒤 바지락을 건져내 살만 발라둔다.

3 **달걀 풀기** 달걀을 풀어 청주 1큰술을 넣고 잘 섞는다.

4 **채소·밥 볶기** 냄비에 식용유와 참기름을 두르고 채소를 볶다가 밥을 넣고 끈기가 날 때까지 볶는다.

5 **죽 끓이기** ④에 바지락국물을 부어 밥알이 충분히 퍼질 때까지 중간 불에서 저어가며 끓인다.

6 **달걀물 넣기** 밥이 어느 정도 퍼지면 바지락 살을 넣고 달걀물을 넣어 저은 뒤 소금, 후춧가루로 간한다.

1    2    4    5

# 오야코동

따뜻한 밥 위에 알맞게 간이 밴 닭고기와 달걀, 양파를 올리고
자작하게 조려 먹는 일본식 닭고기덮밥. 달착지근하고 부드러운 맛이 특징이다.

## 재료(2인분)

따뜻한 밥 1½공기
닭고기(닭다리살) 200g
청주 2큰술
달걀 4개
양파 1/2개
실파 6뿌리

**조림국물**

쯔유 3~4큰술
물 1½컵

1 **닭고기 손질하기**  닭고기는 닭갈비용 다리살을 선택해 기름기와 뼈를 발라내고 살코기만 1.5~2cm 길이로 썬다.

2 **닭고기 삶기**  끓는 물에 청주를 넣고 손질한 닭고기를 넣어 색이 살짝 변할 때까지만 삶아 건져서 물기를 뺀다.

3 **양파·실파 썰기**  양파는 채 썰고, 실파는 송송 썬다.

4 **달걀 풀기**  달걀은 흰자와 노른자가 완전히 풀어지지 않을 정도로 대강 푼다.

5 **닭고기 끓이기**  작은 팬에 양파를 깔고 삶은 닭고기를 올린 뒤 조림국물을 부어 센 불에서 팔팔 끓인다.

6 **달걀물 부어 익히기**  닭이 반 정도 익으면 풀어놓은 달걀물을 골고루 부어 반 정도만 익힌다.

7 **밥 위에 올리기**  그릇에 따뜻한 밥을 담고 ⑥의 국물을 부은 뒤 송송 썬 실파를 듬뿍 뿌린다.

2    3    6

tip

크러시드 레드 페퍼는
굵게 빻은 서양 고춧가루의
일종으로, 요리 위에 뿌려
매콤한 맛과 모양을 낸다.
크러시드 레드 페퍼가 없으면
넣지 않아도 된다.

# 쌀국수 달걀볶음

매콤한 소스에 새우와 쌀국수, 달걀이 어우러져 깔끔하면서 담백한 맛이 난다.
해물과 채소를 오래 볶으면 질척해지므로 재빨리 볶아내는 것이 포인트.

**재료(2인분)**

쌀국수 150g
달걀 2개
칵테일 새우 50g
숙주나물 80g
표고버섯 1개
양파 1/5개
실파 5뿌리
레몬 1/6개
크러시드 레드 페퍼 1/2작은술
고추기름 3큰술

**볶음 소스**

피시 소스 2작은술
식초·황설탕 1큰술씩
굴 소스 1큰술

1 **쌀국수 불리기** 쌀국수는 찬물에 담가 부드럽게 불린다.

2 **양파·표고버섯 썰기** 양파는 채 썰고, 표고버섯은 모양대로 얇게 저민다.

3 **실파·숙주나물·새우 손질하기** 실파와 숙주나물은 다듬어 4~5cm 길이로 썰고, 칵테일 새우는 해동해 물기를 뺀다.

4 **재료 볶기** 달군 팬에 고추기름을 두르고 양파와 새우, 표고버섯 순서대로 넣어 볶는다.

5 **쌀국수 넣어 볶기** 불린 쌀국수와 볶음 소스를 넣고 쌀국수가 익을 때까지 볶는다.

6 **달걀 풀어 넣기** 숙주나물과 실파를 넣어 섞은 뒤 달걀을 곱게 풀어 끼얹고 크러시드 레드 페퍼를 뿌린다. 레몬을 곁들여 낸다.

1      3      4

tip

보통 쇠고기 스키야키를
많이 먹는데, 라면에 저민
쇠고기를 넣어 함께 끓이면
두 가지 맛을 느낄 수 있다.

# 라면 스키야키

간장국물로 맛을 내는 일본식 전골요리인 스키야키를 따라 손쉽게 만들어 즐기는 라면요리.
고소한 달걀노른자에 찍어 먹는 맛이 일품이다.

**재료(2인분)**
라면 2개
달걀노른자 4개
표고버섯 1개
대파 1/2뿌리
물 2½컵

1 **버섯·대파 썰기** 표고버섯은 기둥을 떼어 저며 썰고, 대파는 어슷하게 썬다.

2 **라면 끓이기** 냄비에 물을 붓고 끓인다. 끓어오르면 라면과 분말스프를 넣고 끓인다.

3 **달걀 풀기** 달걀노른자를 곱게 푼다.

4 **버섯·대파 넣어 끓이기** 라면이 거의 익으면 준비한 표고버섯과 대파를 넣고 한소끔 끓인다.

5 **달걀 곁들이기** 라면을 그릇에 담고 풀어놓은 달걀노른자를 곁들여 라면을 적셔 먹게 한다.

2      3      4

# Part 4 센스 만점 디저트

부드러운 맛이 특징인 달걀을 활용하면 달콤한 케이크부터 빵, 푸딩, 쿠키, 음료 등에

이르기까지 다양한 간식과 디저트를 만들 수 있다. 식사 후 입가심으로,

출출한 오후 간식으로, 가벼운 식사대용으로 좋다.

tip

바닥에 닿는
달걀흰자의 아래쪽을
살짝 잘라내면 잘 세워져서
접시에 담기 편하다.

# 스터프드 에그

삶은 달걀만 있으면 누구나 뚝딱 만들 수 있는 근사한 애피타이저다.
달걀노른자가 정확히 가운데에 오도록 삶아야 흰자 틀이 고른 모양이 난다.

**재료(2인분)**

달걀 5개
마요네즈 2큰술
디종 머스터드 1작은술
설탕 1작은술
소금 1/4작은술
후춧가루 조금
케이엔 페퍼 가루 조금
민트 조금

1 **달걀 삶기** 냄비에 달걀을 넣고 물을 부어 16분 정도 삶는다. 중간 중간 달걀을 굴려서 노른자가 한쪽으로 치우치지 않도록 한다. 삶은 달걀은 바로 찬물에 식혀 껍질을 벗긴다.

2 **달걀노른자 빼기** 삶은 달걀을 정확히 반 잘라 노른자만 빼고 흰자는 따로 둔다.

3 **속재료 만들기** 달걀노른자를 체에 내려 곱게 으깬 뒤 마요네즈, 디종 머스터드, 설탕, 소금, 후춧가루를 넣어 골고루 섞는다.

4 **짤주머니에 담아 짜기** ③을 짤주머니에 담아 준비한 달걀흰자 속에 예쁘게 짜 넣는다.

5 **장식하기** 민트와 케이엔 페퍼 가루로 장식한다.

1      3      4

tip

카나페 위에 허브를
올려 장식하면 맛과 모양을
살릴 수 있다. 마요네즈 대신
크림치즈나 버터를
발라도 좋다.

# 에그 카나페

빵이나 크래커 위에 여러 가지 재료를 올려 만드는 대표적인 핑거 푸드.
냉장고에 있는 재료로 다양하게 활용할 수 있다.

**재료(2인분)**

바게트 또는 식빵 적당량
달걀 2개
햄 1장
올리브 5개
래디시 2개
오이피클 조금
마요네즈 조금

1 **달걀 삶기** 냄비에 달걀을 넣고 물을 부어 16분 정도 삶는다. 삶은
  달걀은 바로 찬물에 식혀 껍질을 벗긴다.

2 **빵 잘라 굽기** 바게트나 식빵을 한 입 크기로 잘라 기름을 두르지
  않은 팬이나 오븐에 살짝 굽는다.

3 **재료 썰기** 삶은 달걀과 올리브는 얇게 저며 썰고, 햄은 가로세로
  2.5cm로 네모지게 썬다. 래디시는 곱게 채 썰고 오이피클은 다진다.

4 **빵에 재료 올리기** 구운 빵 위에 마요네즈를 살짝 펴 바르고 삶은
  달걀, 햄, 올리브, 다진 오이피클, 채 썬 래디시를 올린다.

1     2     3

tip

반죽 마지막 단계에서
실온에 녹인 버터와 우유를
1큰술 정도 넣어도 좋다.
버터가 들어가면 카스텔라가
훨씬 촉촉해진다.

# 반숙 카스텔라

폭신폭신 부드럽고 촉촉한 카스텔라는 누구나 좋아하는 인기 케이크이지만 은근히 만들기가 까다롭다.
방법은 쉽고 맛은 더 촉촉한 반숙 카스텔라에 도전해보자. 생각보다 어렵지 않다.

**재료(지름 12cm 1개분)**
달걀 1개
달걀노른자 3개
박력분 30g
설탕 30g
꿀 1큰술
바닐라 에센스 1작은술
소금 1/3작은술

1 **오븐 예열하기** 오븐을 180℃로 예열한다.

2 **달걀 풀기** 미리 실온에 꺼내 둔 달걀과 달걀노른자를 곱게 풀어 설탕과 소금을 넣고 섞는다.

3 **달걀물 중탕하기** ②의 달걀물을 볼에 담아 끓는 물 위에 올린 채 핸드믹서로 섞는다.

4 **거품 내기** 핸드믹서를 빠른 속도로 10분 돌린 뒤 중간 속도로 3분, 느린 속도로 1~2분 정도 돌려 거품을 낸다. 거품은 구멍이 안 보일 정도로 촘촘하고, 모양이 단단하게 유지되어야 한다.

5 **반죽하기** ④의 거품에 박력분과 꿀, 바닐라 에센스를 넣어 가볍게 섞는다.

6 **그릇에 담아 굽기** 카스텔라 틀에 유산지를 깔고 반죽을 부어 180℃의 오븐에 13~15분간 굽는다.

tip

무쇠로 만든 팬이나
냄비를 활용하면 좋다.
오븐과 가스레인지에 모두
사용할 수 있어 편리하다.

# 오믈렛 수플레

우리나라의 달걀찜을 연상시키는 프랑스 전통 달걀요리. 수플레는 프랑스어로 '부풀다'는 뜻이다.
달걀찜보다 가볍고 부드러운 맛이 특징으로 달걀을 충분히 거품 내는 것이 중요하다.

**재료(2인분)**

달걀 4개
설탕 1큰술
버터 1½큰술
슈거파우더 조금
메이플 시럽 적당량

1 **오븐 예열하기**  오븐을 180℃로 예열한다.

2 **달걀 분리하기**  달걀의 흰자와 노른자를 분리한다.

3 **달걀노른자·설탕 섞기**  달걀노른자에 설탕을 넣고 연한 노란색이
될 때까지 거품기로 충분히 섞는다.

4 **달걀흰자 거품내기**  달걀흰자를 큰 볼에 담고 핸드믹서로 저어 단단
한 거품을 낸다.

5 **반죽하기**  거품 낸 달걀흰자에 ③의 달걀노른자를 넣고 주걱으로 재
빨리 섞는다. 거품이 가라앉을 수 있으니 너무 오래 휘젓지 않는다.

6 **반죽 데우기**  오븐 겸용 팬에 버터를 녹인 다음 반죽을 붓고 약한
불에서 2분 정도 천천히 저어가며 데운다.

7 **오븐에 굽기**  ⑥의 팬을 그대로 180℃의 오븐에 넣고 10분 정도 굽
는다. 윗면이 연한 갈색으로 변하면 꺼낸다.

8 **슈거파우더 뿌리기**  슈거파우더를 뿌리고 메이플 시럽을 곁들인다.

2    3    4

tip
〰〰〰〰〰

냉장고에서 막 꺼낸
달걀은 실온에 두었다
삶는다. 바로 삶으면 온도
차이 때문에 달걀이
깨질 수 있기 때문이다.

# 스카치 에그

깜찍한 모양의 색다른 영국식 달걀요리. 삶은 달걀에 고기 반죽옷을 입혀 튀겨내는 별미 요리다.
달걀 대신 메추리알을 넣어 미니 스카치 에그를 만들어도 좋다.

**재료(2인분)**

달걀 4개
다진 쇠고기 200g
식용유 적당량

**고기 양념**

달걀노른자 1개
소금 1/2작은술
너트멕 가루 조금
후춧가루 조금

**튀김옷**

빵가루 1컵
밀가루 3큰술
달걀물 1개분

1 **달걀 삶기** 달걀을 냄비에 담고 달걀이 잠길 정도로 물을 부어 9분 정도 삶는다. 삶은 달걀은 바로 찬물에 식혀 껍질을 벗긴다.

2 **쇠고기 양념하기** 다진 쇠고기에 고기 양념을 모두 넣고 끈기가 생길 때까지 충분히 주무른다.

3 **고기옷 입히기** 양념한 쇠고기를 얇게 펼쳐놓은 다음, 삶은 달걀에 밀가루를 입혀 가운데에 올린다. 쇠고기로 감싸서 손으로 꼭꼭 주물러 매끈하게 옷을 입힌다.

4 **튀김옷 입히기** ③에 밀가루, 달걀물, 빵가루 순서로 튀김옷을 입힌다.

5 **기름에 튀기기** 170℃ 기름에 넣어 고기가 잘 익을 정도로 튀긴다.

1　　2　　3　　5

**tip**

시중에서 판매하는
빵가루는 수분이 없고 말라
있어서 그대로 사용하면 겉만
타기 쉽다. 분무기로 물을
살짝 뿌려 눅눅하게
만들어 쓰면 좋다.

# 달걀 크로켓

삶은 달걀과 감자를 섞은 다음 빵가루와 달걀옷을 입혀 기름에 튀겼다.
크로켓을 빚을 때는 손으로 꼭꼭 눌러야 튀기는 도중이나 튀긴 후에 갈라지지 않는다.

### 재료(2인분)

달걀 3개
감자 2개
버터 1큰술
우유 2큰술
카레가루 1작은술
소금·후춧가루 조금씩
식용유 적당량

**튀김옷**

밀가루 2큰술
달걀물 1/2개분
빵가루 1/2컵
파슬리 가루 조금

1 **달걀 삶아 으깨기** 냄비에 달걀을 넣고 물을 부어 16분 정도 완숙으로 삶은 뒤 껍질을 벗기고 으깬다.

2 **감자 삶아 으깨기** 감자는 껍질을 벗기고 반 잘라 끓는 물에 소금으로 간하여 푹 삶는다. 뜨거울 때 버터를 넣고 으깬다.

3 **재료 섞기** 으깬 달걀에 으깬 감자와 우유, 카레가루, 소금, 후춧가루를 넣고 골고루 섞는다.

4 **모양 빚기** ③을 조금씩 덜어 손으로 꼭꼭 눌러가며 둥글게 빚는다.

5 **튀김옷 입히기** ④에 밀가루, 달걀물, 빵가루, 파슬리 가루 순서대로 튀김옷을 입힌다.

6 **기름에 튀기기** 튀김옷 입힌 크로켓을 190~200℃의 기름에 노릇하게 튀긴다. 체에 밭쳐 기름을 쏙 뺀다.

2          3          4          5

tip

달걀에 튀김옷을
골고루 입혀서 꼭꼭
눌러줘야 튀길 때 옷이
벗겨지지 않고 깔끔하다.

# 에그 파르메산 치즈 쉘

반숙으로 삶은 달걀에 파르메산 치즈 가루를 입혀 깔끔하게 튀겼다. 젤리처럼 말캉하게 익은
달걀노른자는 그냥 먹어도 좋지만 빵이나 그리시니를 찍어 먹으면 더욱 맛있다.

**재료(2인분)**
달걀 4개
식용유 적당량

**튀김옷**
밀가루 조금
달걀물 1개분
빵가루 1/2컵
파르메산 치즈 가루 1/3컵

1 **달걀 삶기** 냄비에 달걀을 담고 물을 부어 9분 정도 반숙으로 삶는다. 삶은 달걀은 바로 찬물에 식혀 껍질을 벗긴다.

2 **튀김옷 만들기** 빵가루에 파르메산 치즈 가루를 섞는다.

3 **튀김옷 입히기** 삶은 달걀에 밀가루, 달걀물, ②의 빵가루 순서대로 튀김옷을 꼼꼼하게 입힌다.

4 **기름에 튀기기** 튀김옷 입힌 달걀을 180℃의 기름에 넣어 겉이 노릇해지도록 튀긴다.

5 **그릇에 담기** 튀긴 달걀을 에그 컵에 담거나, 바닥 쪽을 살짝 잘라 내 그릇에 세워 담는다.

1     3     4

tip

타르트 틀은 만들어
쓰기도 하지만 베이킹 재료
전문점에서 팔기도 한다.
만들어진 것을 구입하면
한결 편리하다.

# 에그 타르트

맛도 좋고 모양도 깜찍한 에그 타르트는 모두에게 사랑받는 인기 디저트다.
구울 때 커스터드 크림을 너무 많이 채우면 넘쳐흐를 수 있으니 틀의 85% 이상은 담지 않는다.

## 재료(2인분)

미니 타르트 틀 6개
달걀노른자 2개
박력분 10g
녹말가루 10g
설탕 80g
우유 1½컵
바닐라 빈 1/2개

1 **오븐 예열하기** 오븐을 180℃로 예열한다.

2 **우유 데우기** 냄비에 우유와 바닐라 빈, 설탕 40g을 넣고 중간 불로 데운다. 우유의 가장자리가 살짝 끓기 시작하면 불을 끄고 바닐라 빈을 건져낸다.

3 **달걀노른자·설탕 섞기** 달걀노른자를 풀어 1작은술 정도만 남기고, 남은 설탕 40g을 넣어 연한 노란색이 될 때까지 거품기로 섞는다.

4 **데운 우유 섞기** ③의 달걀노른자에 ②의 우유를 조금씩 부어가며, 달걀노른자가 익지 않도록 재빠르게 섞는다.

5 **커스터드 크림 만들기** ④를 냄비에 담고 약한 불에서 눌어붙지 않도록 천천히 저어가며 끓이다가, 체에 내린 박력분과 녹말가루를 넣고 거품기로 재빨리 섞는다. 저어가며 2분 정도 끓여 농도가 조금 걸쭉해지면 불에서 내린다.

6 **얼음물에 식히기** 완성된 커스터드 크림을 그릇에 담아 얼음물 위에 올려 식힌다.

7 **오븐에 굽기** 타르트 틀에 남겨둔 달걀노른자를 얇게 바르고 커스터드 크림을 채워 180℃의 오븐에 10분 정도 굽는다.

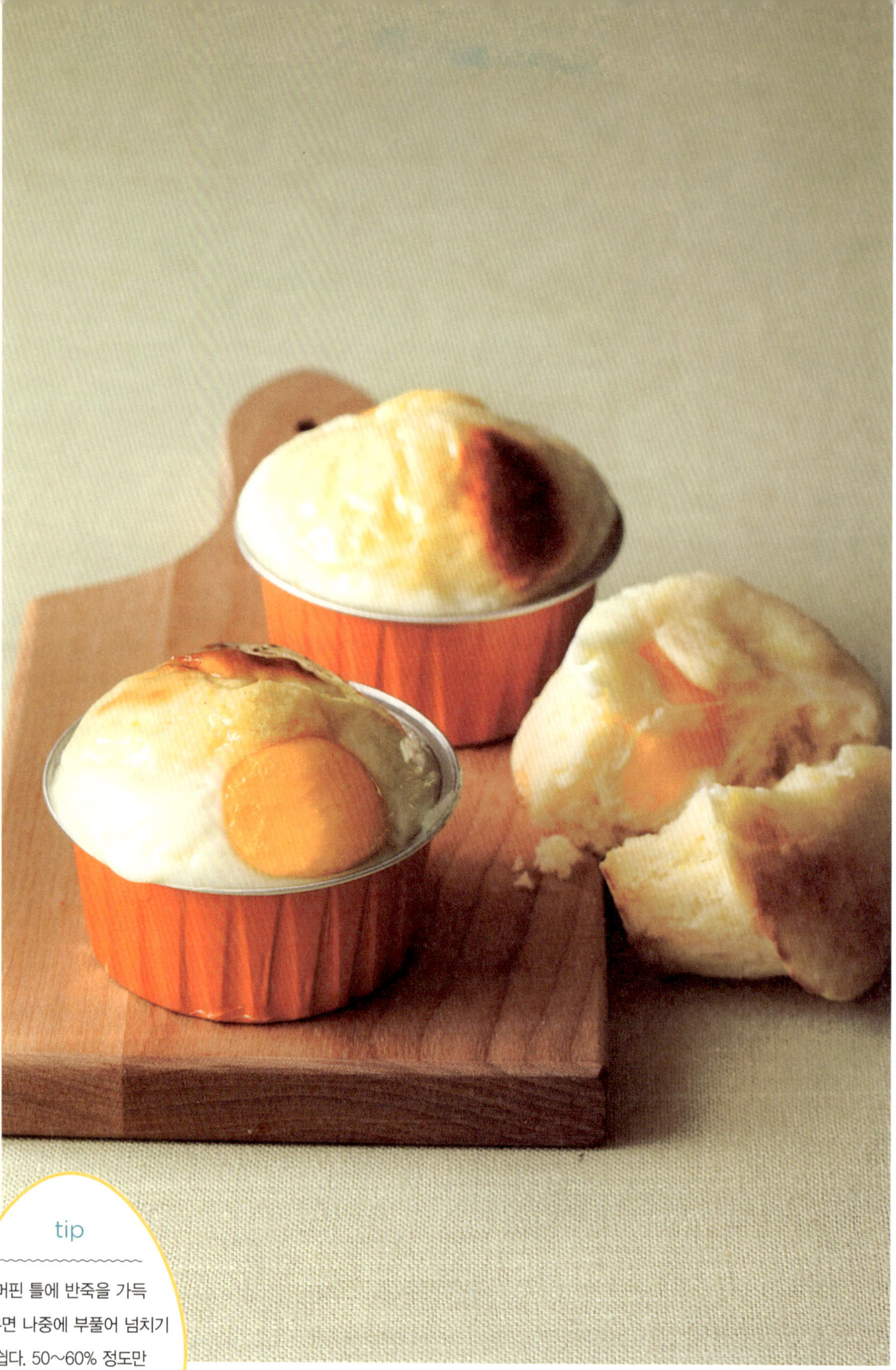

tip

머핀 틀에 반죽을 가득 채우면 나중에 부풀어 넘치기 쉽다. 50~60% 정도만 채우는 것이 적당하다.

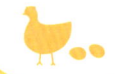

# 달걀 머핀

겨울철 거리에서 쉽게 눈에 띄는 계란빵을 집에서 간단히 만들어보자. 빵 하나에 달걀을
하나씩 넣고 구워 한 개만 먹어도 든든하다. 우유 한 잔과 함께 아이들 간식으로 준비하면 좋다.

**재료(2인분)**

달걀 4개
버터 조금
소금 조금

**반죽**

달걀 1개
핫케이크 가루 200g
우유 1컵

1 **오븐 예열하기** 오븐을 180℃로 예열한다.

2 **반죽하기** 핫케이크 가루를 체에 한 번 내린 뒤 곱게 푼 달걀에 넣
   고 우유를 부어 덩어리지지 않도록 거품기로 골고루 섞는다.

3 **머핀 틀에 반죽 담기** 머핀 틀에 버터를 골고루 바르고 반죽을
   50~60% 정도만 채워 담는다.

4 **달걀 올리기** ④의 반죽 위에 달걀을 1개씩 깨뜨려 올리고 소금을
   살짝 뿌린다.

5 **오븐에 굽기** 180℃ 오븐에 25~30분 정도 굽는다.

tip

캐러멜 시럽이나
과일 시럽도 잘 어울린다.
취향에 맞는 시럽을
곁들여 즐긴다.

# 에그 푸딩

생크림, 우유, 달걀이 어우러진 에그 푸딩은 보들보들 달콤한 맛이 일품이다.
작은 푸딩 병에 담아 만들면 맛도 좋고 모양도 예뻐 선물하기 좋다.

**재료(2인분)**

달걀 1개
달걀노른자 3개
설탕 80g
우유 1컵
생크림 1컵
바닐라 에센스 1/2작은술
메이플 시럽 적당량

1 **오븐 예열하기**  오븐을 170℃로 예열한다.

2 **달걀·설탕 섞기**  달걀과 달걀노른자를 곱게 푼 뒤 설탕을 넣고 완전히 녹을 때까지 섞는다.

3 **달걀물 만들기**  ②의 달걀에 우유와 생크림, 바닐라 에센스를 넣어 골고루 섞는다.

4 **그릇에 담기**  푸딩 그릇에 달걀물을 나눠 담고 알루미늄 포일이나 종이 포일로 뚜껑을 만들어 덮는다.

5 **오븐에 중탕으로 굽기**  오븐 팬에 물을 조금 담고 푸딩 그릇을 올려 170℃의 오븐에 25~30분 정도 굽는다.

6 **시럽 곁들이기**  오븐에서 꺼내 메이플 시럽을 곁들여 낸다.

2    3    4

tip

거품기로 들어올려 보아
떨어지지 않고 단단히 붙어
있는 정도가 될 때까지
충분히 거품을 낸다.

# 일 플로당트

'떠다니는 섬'이라는 뜻을 지닌 프랑스 디저트. 바닐라 크림 위에 띄운 머랭이 마치
바다 위를 떠다니는 섬 같아 이름 붙여졌다. 바닐라 크림의 농도가 너무 되직하지 않도록 주의한다.

**재료(2인분)**
달걀흰자 4개분
소금 1/2작은술
설탕 1큰술
아몬드 슬라이스 1작은술
냉동 산딸기 조금
민트 조금

**바닐라 크림**
달걀노른자 2개
설탕 1/4컵
녹말가루 1/2작은술
바닐라 에센스 1/2작은술
우유 60mL

1 **오븐 예열하기** 오븐을 120℃로 예열한다.

2 **달걀노른자·설탕 섞기** 달걀노른자를 푼 뒤 설탕, 녹말가루, 바닐라 에센스를 넣어 골고루 섞는다.

3 **바닐라 크림 만들기** 냄비에 우유를 담아 데운다. 가장자리가 끓기 시작하면 ②의 달걀노른자를 조금씩 넣어가며 젓는다. 약한 불에서 서서히 데워 걸쭉해지기 시작하면 불을 끄고 식힌다.

4 **달걀흰자 거품 내기** 큰 볼에 달걀흰자를 담고 핸드믹서를 빠른 속도로 돌려 거품을 낸다. 거품이 어느 정도 생기면 설탕과 소금을 넣고 더 돌려 단단한 거품을 만든다.

5 **오븐에 굽기** 단단한 거품을 숟가락으로 큼직하게 떠서 오븐 팬에 올려 120℃ 오븐에 15~20분 정도 굽는다.

6 **그릇에 담기** 그릇에 바닐라 크림을 담고 ⑤의 머랭을 올린 뒤, 아몬드 슬라이스를 뿌리고 냉동 산딸기와 민트를 올린다.

tip

짤주머니가 없을 땐
숟가락으로 떠서 오븐 팬
위에 동글납작하게
올린다.

# 계란과자

달걀과 버터로만 맛을 낸 동그란 추억의 과자. 휘리릭 반죽해 오븐에 구워내면 완성이다.
재료도 간단하고 맛내기도 아주 쉬워 누구나 성공할 수 있다.

**재료(2인분)**

밀가루 80g
베이킹파우더 5g
달걀 1개
달걀노른자 1개
설탕 40g
버터 40g
식용유 30mL

1 **오븐 예열하기** 오븐을 180℃로 예열한다.

2 **가루 재료 체에 내리기** 밀가루와 베이킹파우더를 체에 내린다.

3 **달걀·설탕 섞기** 달걀과 달걀노른자를 곱게 푼 뒤 설탕을 넣어 섞는다.

4 **버터 풀기** 실온에 미리 꺼내둔 버터를 거품기로 풀어 녹인 뒤 식용유와 ③의 달걀을 넣어 섞는다.

5 **반죽하기** ④에 체에 내린 가루 재료를 넣고 골고루 섞어 반죽한다.

6 **짤주머니로 모양 짜기** 반죽을 짤주머니에 담아 오븐 팬 위에 지름 2cm 크기로 동그랗게 짠다.

7 **오븐에 굽기** ⑥의 팬을 180℃의 오븐에 넣어 10분 정도 굽는다.

2    4    6

tip

우유를 데울 때는 끓어
넘치거나 냄비에 눌어붙지
않도록 약한 불에서
서서히 데운다.

# 에그노그

에그노그는 미국에서 추운 크리스마스 시즌에 즐겨 마시는 따뜻한 달걀 음료다.
위스키나 브랜디 같은 알코올을 섞어 마시기도 하고, 때론 냉장고에 넣어 차갑게 즐기기도 한다.

**재료(2인분)**

우유 2컵
계피 1개
정향 4개
연유 4큰술
달걀노른자 4개
설탕 5큰술
바닐라 에센스 1작은술
너트멕 가루 조금

1 **우유 데우기**  냄비에 우유와 계피, 정향, 연유를 넣어 약한 불에서 5분 정도 데운 다음 향이 우러나면 체에 거른다.

2 **달걀노른자 풀기**  달걀노른자에 설탕, 바닐라 에센스를 넣고 연한 노란색이 될 때까지 거품기로 섞는다.

3 **에그노그 끓이기**  약한 불에 ①의 우유를 올리고 ②의 달걀노른자를 조금씩 넣어 거품기로 저어가며 끓인다. 달걀노른자가 익어서 뭉치지 않도록 잘 섞는다.

4 **너트멕 가루 넣기**  불을 끄고 너트멕 가루를 넣어 섞은 뒤 컵에 담는다.

1   2   4

• 요리

대한민국 대표 요리책
**한복선의 엄마의 밥상**
최고의 요리전문가 한복선 선생님이 알려주는 엄마 손맛의 비결. 별미반찬, 국·찌개·전골, 한 그릇 한 끼, 우리 집 별식, 김치·장아찌·피클 등 일상요리가 다 들어 있다. 반찬 만들기 기본 테크닉 등도 자세히 소개되어 있다.
한복선 지음 | 280쪽 | 210×265mm | 13,000원

우리집에 꼭 필요한 생활요리 대백과
**한복선의 우리음식**
신세대 주부들도 쉽게 따라 할 수 있는 한국 전통음식 교과서. 가정요리, 명절음식, 궁중음식, 향토음식, 건강요리, 김치·장아찌 등 기본에 충실하면서도 실용적인 요리가 가득 담겨 있다.
한복선 지음 | 304쪽 | 210×255mm | 15,000원

먹을수록 건강해지는 우리 음식
**나물이 좋다**
기본 나물부터 향토 나물까지 다양한 나물 레시피 78가지를 담았다. 생채와 겉절이, 살짝 데쳐 무치는 무침나물, 양념해 볶는 볶음나물, 나물로 만드는 별미요리 등이 있다. 사계절 제철 나물과 고르기, 손질 요령 등도 정리했다.
리스컴 편집부 | 136쪽 | 210×265mm | 9,800원

우리 식탁엔 우리 음식
**일주일 밑반찬 사계절 장아찌**
주부들의 반찬 고민을 덜어주는 밑반찬 요리책. 장조림, 마른반찬, 깻잎장아찌 등 대표 밑반찬과 슬로푸드 장아찌, 새콤달콤한 피클, 입맛 살리는 젓갈 75가지가 담겨 있다. 만들기 쉽고, 전통의 맛을 살린 레시피가 가득하다.
최승주 지음 | 144쪽 | 210×265mm | 9,800원

간편한 도시락은 다 모였다!
**김밥·주먹밥·샌드위치**
만들기 쉽고, 먹기 편한 도시락 메뉴 78가지를 소개한 책. 별미 김밥에서부터 주먹밥, 초밥, 샌드위치, 캘리포니아 롤 등이 모두 들어 있다. 밥 짓기, 양념하기, 김밥 말기, 배합초 버무리기 등 기초 테크닉도 꼼꼼하게 알려준다.
최승주 지음 | 136쪽 | 180×230mm | 10,000원

촉촉하고 부드럽게, 건강하고 실속 있게
**프렌치토스트 & 핫 샌드위치**
한 끼 식사로, 간식으로 좋은 프렌치토스트와 핫 샌드위치 64가지를 소개한다. 정통 레시피부터 색다른 맛, 든든한 한 끼, 시판 음식을 이용한 레시피까지 간단하고 맛있는 메뉴가 가득하다. 토핑과 속재료가 한눈에 들어와 누구나 쉽게 만들 수 있다.
미나구치 나호코 지음 | 112쪽 | 180×230mm | 11,200원

로푸드 다이어트 레시피 103
**로푸드 디톡스**
로푸드는 체내의 독소를 제거하고 면역력을 높여줘 자연스럽게 다이어트까지 이어지도록 한다. 로푸드 레시피 103개와 주스 펄프 사용법, 활용도 만점 드레싱 등 플러스 레시피가 수록돼 있어 로푸드가 낯선 사람도 어렵지 않게 시작할 수 있다.
이지연 지음 | 216쪽 | 210×265mm | 12,000원

내 몸을 건강하게 하는 1주일 디톡스 프로그램
**프레시 주스 & 그린 스무디**
신선한 과일과 채소로 만든 66가지 주스 레시피를 담은 책. 주스뿐만 아니라 재료의 영양이 살아있는 스무디, 원기를 충전해주는 부스터 샷까지 있어 건강과 맛을 동시에 챙길 수 있다.
펀 그린 지음 | 이지은 옮김 | 164쪽 | 170×230mm | 12,000원

최고의 브런치 카페에서 추천한 인기 메뉴 57가지
**잇 스타일 브런치**
대표 브런치 카페와 인기 브런치 레시피를 알려주는 카페 가이드북 겸 요리책. 브런치를 유행시킨 '수지스'를 비롯해 유명 스타들의 단골 레스토랑 '다이닝텐트', 효자동의 '카페 고희' 등의 자세한 소개와 사진이 담겨 있다.
리스컴 편집부 | 180쪽 | 180×260mm | 11,000원

내 몸이 가벼워지는 시간
**샐러드에 반하다**
영양을 골고루 담은 한 끼 샐러드, 간편한 도시락 샐러드, 저칼로리 샐러드, 곁들이 샐러드 등 쉽고 맛있는 샐러드를 담았다. 칼로리를 조절할 수 있도록 총칼로리와 드레싱 칼로리를 함께 표시한 것이 특징이다. 다양한 맛의 45가지 드레싱도 알려준다.
장연정 지음 | 168쪽 | 210×256mm | 12,000원

## · 인테리어 · DIY

수납부터 가구배치까지… 인테리어 아이디어 50
### 좁은 집 넓게 쓰는 정리의 기술
좁은 집, 좁은 방을 좀 더 넓게 쓰고 싶은 사람을 위한 인테리어 책. 인테리어 전문가인 저자가 실제 사례를 바탕으로 집 안을 넓고 예쁘게 바꾸는 방법 50가지를 제안한다. 정리정돈부터 가구배치, 소품배열 등 인테리어 테크닉이 가득 담겨 있다.

카와카미 유키 지음 | 136쪽 | 170×220mm | 12,000원

좁은 집 넓게 쓰는 인테리어 아이디어 54
### 집안을 확 바꾸는 수납의 기술
집 안을 어지럽히는 물건들을 쉽고 효율적으로 정리하는 수납 아이디어 북. 인테리어 전문가인 저자가 실제 사례를 바탕으로 다양한 상황에 적용할 수 있는 수납의 기술을 알려준다. 수납 방법을 한눈에 알 수 있는 그림이 특징이다.

카와카미 유키 지음 | 136쪽 | 170×220mm | 11,200원

가구, 소품, 패브릭으로 예쁘고 편리하게
### 이케아 스타일 인테리어
심플하고 실용적인 디자인의 이케아 가구, 소품, 패브릭으로 집 안을 개성 있고 살기 편하게 꾸민 집들을 소개한다. 예쁘고 정돈된 집, 소품으로 포인트를 준 집, 패브릭으로 개성을 살린 집, 꿈이 가득한 아이 방 등 아이디어들이 가득하다.

안미현 옮김 | 128쪽 | 210×275mm | 12,000원

내가 살고 싶은 집, It's IKEA style!
### 북유럽 디자인 + 이케아로 꾸민 집
심플하고 기능적인 이케아 제품으로 꾸민 북유럽 스타일의 인테리어 책. 가구에서부터 소품, 수납까지 이케아만의 아이디어와 센스가 듬뿍 담겨 있다. 살기 편하고 개성 넘치는 인테리어 감각을 배울 수 있다.

이예린 옮김 | 120쪽 | 210×275mm | 12,000원

작은 공간을 두 배로 늘려주는
### 정리와 수납 아이디어 343
'숨은 공간'을 활용하여 정리와 수납을 완성하도록 도와주는 책. 수납 전문가들의 노하우가 한가득 담겨있다. 기발한 아이디어가 숨어있는 집 안 구석구석을 사진으로 만나볼 수 있다. 다양한 사례를 접하다 보면 깔끔하게 정리하는 기술이 점점 눈에 들어올 것이다.

오렌지페이지 지음 | 128쪽 | 210×275mm | 10,000원

## · 건강

아침 5분, 저녁 10분
### 스트레칭이면 충분하다
몸은 튼튼하게 몸매는 탄력있게 가꿀 수 있는 스트레칭 동작을 담은 책. 아침 5분, 저녁 10분이라도 꾸준히 스트레칭하면 하루하루가 달라질 것이다. 아침저녁 동작은 5분을 기본으로 구성, 좀 더 체계적인 스트레칭 동작을 위해 10분, 20분 과정도 소개했다.

박서희 지음 | 88쪽 | 215×290mm | 8,000원

초보 여성을 위한 초간단 골프 레슨
### 골프 for 레이디
골프채 잡는 법부터 필드 데뷔까지 자세하게 알려주는 골프 교과서. 일상 동작을 응용해 쉽게 배우는 스윙 동작, 기본 준비 자세 익히기, 단계별 스윙법 등 골프를 처음 시작하는 사람이라도 금세 이해하고 배울 수 있도록 구성했다.

요시무라 후미에 지음 | 132쪽 | 210×275mm | 12,000원

걷는 만큼 빠진다
### 워킹다이어트
슈퍼모델이자 퍼스널 트레이너인 김사라가 제안하는 걷기 다이어트 프로그램, 준비부터 기본자세, 운동 전후의 관리 등 걷기 다이어트의 모든 것을 알려준다. 전국의 걷기 좋은 곳도 소개되어 있다.

김사라 지음 | 136쪽 | 182×235mm | 12,000원

산부인과 의사가 들려주는 임신 출산 육아의 모든 것
### 똑똑하고 건강한 첫 임신 출산 육아
임신 전 계획부터 산후조리까지 현대를 살아가는 임신부를 위한 똑똑한 임신 출산 육아 교과서. 20년 산부인과 전문의가 인터넷 상담, 방송 출연 등을 통해 알게 된, 임신부들이 가장 궁금해하는 것과 꼭 알아야 것들을 알려준다.

김건오 지음 | 352쪽 | 190×250mm | 17,000원

아기는 건강하게, 엄마는 날씬하게
### 소피아의 임산부 요가
임산부의 건강과 몸매 유지를 위해 슈퍼모델이자 요가 트레이너인 박서희가 제안하는 맞춤 요가 프로그램. 임신 개월 수에 맞춰 필요한 동작을 자세히 소개하고, 통증을 완화하는 요가, 커플 요가, 산후 요가 등도 담았다. 30분 요가 프로그램 DVD도 있다.

박서희 지음 | 176쪽 | 182×235mm | 12,000원

유익한 정보와 다양한 이벤트가 있는
리스컴 블로그로 놀러 오세요!

**홈페이지** www.leescom.com
**리스컴 블로그** blog.naver.com/leescomm
**페이스북** facebook.com/leescombook

# Everyday
# 달걀

**요리** | 손성희
**어시스트** | 한아련 이학준 김민정 정유진

**사진** | 한정수(studio etc. 02-3442-1907)
**어시스트** | 김준영

**스타일링** | 나유미
**어시스트** | 서민권 한아현
**협찬** | 풍림푸드(poonglim.exweb.co.kr / 02-2040-6080)

**편집** | 김연주 최현영 박수현
**디자인** | 이소영 김경미
**마케팅** | 황기철 장기봉 이진목
**경영관리** | 박태은

**인쇄** | HEP

**초판 1쇄** | 2016년 9월 1일
**초판 4쇄** | 2017년 1월 20일

**펴낸이** | 이진희
**펴낸 곳** | 리스컴

**주소** | 서울시 서초구 강남대로79길 2(은도빌딩), 4층
**전화번호** | (대표번호) 02-540-5192
　　　　　　　(영업부) 02-544-5934, 5944
　　　　　　　(편집부) 02-544-5922, 5933 / 540-5193

**FAX** | 02-540-5194
**등록번호** | 제 2-3348

**ISBN** 979-11-5616-102-8 13590
책값은 뒤표지에 있습니다.